#집밥고수_맛내기킥

#열반찬_부럽지않은

#외식보다_맛있게푸짐하게

#솥밥덮밥_업그레이드

맛있는 요리를 만드는 레시피가 있는 것처럼 웃음, 힐링, 성장을 만드는 레시피도 있을까요?
레시피팩토리는 모호함으로 가득한 이 세상에서 당신의 작은 행복을 위한 간결한 레시피가 되겠습니다.

매 일 만 들 어 먹 고 싶 은

별미

이색

"우리가 가장 좋아하는 두 가지 밥요리,
별미 솥밥과 이색 덮밥을 한 권에 모두 담았습니다!"

나를 요리연구가로 만들어준 입 짧은 두 아이

벌써 20여 년 전이네요. 아이들이 초등학교 저학년일 때 학부모총회에 참석했는데, 사물함에 붙여 놓은 종이 한 장이 눈에 들어왔습니다. 일종의 자기소개서 같은 것이었는데, 엄마 직업란에 '요리사'라고 적혀 있더군요. 두 아이가 똑같이요. 유난히 입이 짧아 이것저것 열심히 만들어 먹인 엄마를 요리사로 인정해주다니! 그 누가 해주는 칭찬보다 값지고 뿌듯했습니다.

이렇게 해주면 잘 먹을까, 저렇게 담아주면 더 먹을까 늘 고심했기에 제 요리 연구의 시작에는 늘 아이들이 있었습니다. 그러다가 두 아이가 차례로 대학에 가고, 저도 인생 2막에 들어서면서 지금껏 시간 가는 줄 모르고 신나게 집중했던 일, 가족이나 지인들에게 실력을 인정받았던 일, 바로 '요리연구가'로서의 삶을 시작했습니다.

10년을 이어온 문쌤쿠킹의 집밥 클래스

물론 아이들이 계기가 되어 요리에 더 매진했지만, 저는 어릴 때부터 요리를 배우고 도전하는 것에 진심이었습니다. 중학교에 입학해 가사책에 나오는 '타래과'를 허락도 받지 않고 곤로에 튀겨 혼날 각오를 하고 식구들 앞에 내놓았는데, 엄마는 혼내기는커녕 맛있다며 칭찬을 해주셨지요. 저의 첫 요리였어요.

그때부터 맏딸이었던 저는 손맛 좋은 친정엄마의 요리 보조 역할을 자청하며, 어깨너머로 음식을 익혔어요. 결혼하고 친정엄마의 충청도 맛을 비슷하게 흉내 내면서, 동시에 시어머니의 서울식 음식들도 함께 배웠답니다. 좀 더 다양하게 경험하고 싶어 유명한 요리 선생님들, 셰프님들을 찾아다니며 부지런히 배우면서 요리에 푹 빠져 살았어요.

이렇게 오랜 배움이 쌓이고 쌓여 저만의 컨텐츠가 만들어졌고, 저만 알고 있기에는 아까운 정보와 레시피를 나누고자 '문쌤쿠킹 클래스'를 시작하게 되었지요. 감사하게도 '문쌤쿠킹 클래스'는 입소문이 나며 꾸준히 사랑받았고, 벌써 10년 넘게 이어오고 있습니다.

그 무엇보다 솥밥과 덮밥에 진심인 이유

앞서 이야기한 것처럼 저희 가족은 입맛이 좀 까다로운 편이에요. 여러 반찬 쭉 깔아놓고 먹으면 얼마나 좋겠냐마는, 한 번 먹은 건 다음 날 잘 먹지 않아 꼭 버리게 되고 그때마다 아깝기도 하고 죄스럽게 느껴지기도 했어요.

그래서 저는 가족 밥상을 준비할 때면 반찬보다 바로 만들어 남김없이 먹을 수 있는 맛있고 푸짐한 메인요리 한 가지를 힘주어 준비해요. 그중 가장 자신 있는 것이 '솥밥과 덮밥'이지요.

채소와 단백질 재료를 모두 넉넉히 더해 일품요리같이 별미스럽게 솥밥을 짓고, 이색적이게 덮밥을 만듭니다. 밥과 반찬이 동시에 해결되어 정말 편하고, 한 끼에 싹 다 먹어 치워 좋지요. 덮밥은 밥을 빼면 요리로 내놓아도 되니 활용도도 높고요.

가족들이 좋아했던 솥밥과 덮밥은 문쌤쿠킹 클래스에서도 소개하고 있는데, 유독 인기가 많답니다. 이번 책에 바로 그 메뉴들을 싹 모아 재정리해 담았습니다. 제 10년의 기록이지요.

제가 잘 해 먹고, 자주 해 먹는 요리들로 책을 낼 수 있게 되어 스스로 토닥토닥 애썼다 칭찬하면서도 한편으론 많이 부끄럽습니다. 요리 초보도 따라 할 수 있도록 최대한 쉽게 풀어 소개했는데, 부디 건강한 집밥을 즐기는 데 조금이라도 도움이 되기를 바랍니다.

2025년 2월,
문쌤쿠킹 문시진

CONTENTS

abc 가이드

a advanced
준비 과정이 다소 많지만
도전할 만한 맛있는 레시피

b beginner
재료, 조리법이 모두 간단한
초보자를 위한 쉬운 레시피

c choice
저자가 특히 추천하는 레시피

이 책의 모든 레시피는요!

✓ **표준화된 계량도구를 사용했습니다.**

• 1컵은 200㎖, 1큰술은 15㎖, 1작은술은 5㎖ 기준입니다.

• 계량도구 계량 시 윗면을 평평하게 깎아 계량해야 정확합니다.

• 밥숟가락은 보통 12~13㎖로 계량스푼(큰술)보다 작으니 감안해서 조금 더 넉넉히 담아야 합니다.

✓ **채소는 중간 크기를 기준으로, 밥 1공기는 200g으로 제시했습니다.**

• 오이, 당근, 가지, 호박, 감자 등 개수로 표시된 채소는 너무 크거나 작지 않은 중간 크기를 기준으로 개수와 무게를 표기했습니다.

• 기본적으로 1인분이 200g이지만 솥밥이나 덮밥에는 채소, 고기, 해산물이 넉넉히 올라가 1공기로 1~2인분이 나오도록 레시피를 개발했습니다. 대부분의 레시피는 2~3인분이니 참고해서 분량을 조절하세요.

CHAPTER 1

별미 솥밥

CHAPTER 2

이색 덮밥

알아두면
유용한
정보

- ☑ 흰쌀밥과 잡곡밥 짓기
- ☑ 밥 짓는 냄비 고르기
- ☑ 밑국물과 맛간장 준비하기
- ☑ 별미 비빔장 만들기

재료의 맛 그대로 느끼려면?
흰쌀밥 짓기

솥밥과 덮밥에 기본이 되는 흰쌀밥 짓는 법을
소개합니다. 냄비로 갓 지은 밥만큼 맛있는 밥은
없죠. 몇 번만 따라 해보면 금방 익숙해질 거예요.

2~3인분
• 멥쌀 250g
• 물 300g

① 볼에 쌀을 담고 잠길 정도의 물을 부어 손으로
　흔들어 씻는다. 맑은 물이 나올 때 까지 2~3번
　반복해서 씻는다.

② 씻은 쌀은 체에 받쳐 20~30분간 불린다.

＊ 물에 담가 불리지 않고 체에 받쳐서 불려야
　밥의 식감이 더욱 좋아요.

③ 냄비에 쌀, 분량의 물을 넣고 뚜껑을 덮은 후
　중강 불에서 끓인다.

＊ 보통 물의 양은 쌀의 1.1~1.2배를 넣어요. 끓어오르는
　시간은 냄비 종류나 화력에 따라 다를 수 있으니
　끓어오르는 상태를 확인하세요. 뚜껑은 계속 덮고
　익혀요.

④ 끓어오르면 중간 불로 줄여 7~8분간 끓인다.

⑤ 불을 끄고 7~10분간 뜸 들인다.

이런 쌀도 있어요!

롱그레인 쌀

흔히 먹는 멥쌀보다 길이가 길고 찰기가
없는 것이 특징입니다.
주로 동남아에서 사용하는 쌀이에요.
동남아식 요리를 할 때 사용해도 좋고,
의외로 서양 요리에도 잘 어울려요. 볶음밥을 할 때 사용하면
고슬고슬한 식감을 낼 수 있어요. 안남미나 자스민 쌀로
대체해도 됩니다.

사용한 메뉴 : 닭다리살 스테이크와 고수 솥밥(76쪽),
동남아식 돼지구이 덮밥(156쪽), 셀러리 오징어 덮밥(196쪽)

건강함과 식감을 풍부하게 하려면?
잡곡밥 짓기

다양한 잡곡을 활용하면 더욱 건강한 밥을 지을 수 있죠. 미리 익혀 냉동 보관해두면 솥밥을 지을 때 간편하게 활용할 수 있어요.

2~3인분
- 잡곡 2컵(귀리, 파로, 보리 등)
- 현미유 1큰술

① 볼에 잡곡, 잠길 만큼의 물을 붓고 흔들어 씻는다.

② 물에 담가 대략 20~30분간 불린다.

＊ 잡곡에 따라 불리는 시간이 다르니 잡곡의 특성에 맞게 불리세요.

③ 전기 압력 밥솥에 잡곡을 담고 2컵 눈금에 맞춰 물을 붓는다. 현미유를 두르고 백미 코스로 밥을 짓는다.

＊ 현미유를 두르면 서로 밥알이 붙지 않아 나중에 멥쌀과 잘 섞여요.

④ 그대로 먹거나 한 김 식힌 후 1회 분량씩 지퍼백이나 보관 용기에 담아 냉동 보관한다.

⑤ 냄비나 전기 압력 밥솥에 불린 멥쌀을 넣고 ④의 냉동 잡곡이나 콩을 올려 밥을 한 후 골고루 섞는다.

콩은 미리 손질해두세요!

생콩 VS. 말린 콩
생콩은 한 번 헹군 후 밥 할 때 그대로 넣고, 말린 콩은 물에 담가 충분히 불린 후 사용해요. 불린 콩은 냉동 보관한 후 사용해도 됩니다.

15

나에게 맞는 냄비는?
밥 짓는 냄비 고르기

집에 있는 다양한 냄비로 밥을 지을 수 있어요.
냄비별로 크게 맛의 차이가 나지는 않지만
대체적으로 무겁고 두꺼운 것을 추천합니다.
각 냄비의 특징을 살펴보고 선택해보세요.

무쇠 냄비

무거운 무쇠로 만든 냄비로, 열전도율이 높고 오래도록
열을 보존하여 빠른 시간 안에 재료를 익힐 수 있고 영양소
파괴가 적어 건강한 음식을 만들 수 있습니다. 소재 특성상
녹이 발생하기 쉬우니 사용 후에는 충분히 물에 불려 전용
솔로 가볍게 닦고 완전히 말려 보관해요.

도자기 냄비(뚝배기)

오래도록 잔열이 남아 있어 끝까지 따뜻하게 먹을 수
있어 좋아요. 바닥이 평평하지 않으면 열전도율이 떨어져
끓어오르기까지 좀 더 시간이 걸리는 제품이 있으니
구입할 때 참고하세요.

스테인리스 냄비

뛰어난 내구성과 열에 강한 장점을 지니고 있고, 기름기나 양념 냄새가 배지 않아 항상 새 제품처럼 사용할 수 있어요. 구입할 때는 두께가 두꺼운 것을 고르고, 바닥과 벽의 두께가 같아야 열전도가 골고루 되어 맛있는 요리가 됩니다.

압력 냄비

수증기 압력을 높게 유지해 조리 시간을 단축시키는 원리로 요리할 수 있는 냄비예요. 밥을 가장 빨리 지을 수 있지요. 다른 냄비를 사용할 때보다 물의 양은 약간 줄여서 넣어요. 높은 압력으로 밥을 하면 좀 더 찰지게 즐길 수 있어. 솥밥을 지을 때는 처음부터 모든 재료를 넣고 만드는 솥밥 위주로 만들면 좋아요.

전기 압력 밥솥

전기 압력 밥솥은 가정에서 가장 많이 사용하는 밥솥이죠. 요즘은 종류도 다양하게 나와 기호에 따라 고르면 됩니다. 솥밥을 지을 때 처음부터 밥에 재료를 올리는 경우는 백미 코스로, 중간에 재료를 넣어야 한다면 백미 코스로 밥을 한 후 재료를 올리고 재가열을 눌러 한 번 더 익히면 됩니다.

감칠맛 가득한 별미밥을 원한다면?
밑국물 활용하기

밥을 지을 때 물 대신 활용하면 좋은 2가지 국물입니다. 깔끔한 감칠맛을 원한다면 채소 국물을,
해산물과 함께 깊은 맛을 원한다면 다시마 물을 활용해보세요. 해물을 데칠 때 사용한 물을 그대로 밥물로
사용해도 좋아요.

채소 국물

채소차 티백을 이용해 쉽게 채소 국물을 낼 수 있어요.
채소차 티백이 없으면 다시마, 무말랭이, 파, 무 등 냉장고
속 자투리 채소를 활용해 약한 불에서 뭉근하게 끓인 후
사용하세요.

이 제품을 사용했어요!

채소차 티백
말린 콩나물, 브로콜리,
당근 등을 넣어 만든
채소차 티백입니다.
따뜻한 물을 부어 차로
마셔도 되고, 기본 국물로
사용해도 좋습니다.

다시마 물

물 2컵에 다시마(5×5cm 크기) 2~3장을 넣어
하루 정도 우린 후 사용해요. 해산물이 들어간 솥밥을
할 때 밥물 대신 사용하면 감칠맛을 더할 수 있어요.

이 제품을 사용했어요!

쯔유
일본식 맛간장으로 가쓰오, 멸치, 다시마
등을 더한 조미료입니다. 국물 요리에 주로
사용하는데, 솥밥을 할 때 물에 함께 넣어
밥을 지으면 좀 더 감칠맛을 낼 수 있어 육수
대신 간편하게 사용하기 좋아요.

어떤 요리에도 어울리는
맛간장 만들기

고기를 양념하거나 해물을 볶을 때, 양념장을 만들 때 등 두루두루 사용할 수 있는 맛간장을 소개합니다.
과일과 채소의 달콤함과 간장의 감칠맛이 어우러져 고급스러운 맛을 낸답니다. 넉넉히 만들어 보관했다가
요리에 활용해보세요.

재료 / 총 1.8ml
- 물 2컵(400㎖)
- 청주 1/2컵 + 1컵(300㎖)
- 양조간장 9컵(1.8ℓ)
- 설탕 700g
- 맛술 1과 1/2컵(300㎖)
- 양파 200g
- 당근 50g
- 마늘 30g
- 생강 20g
- 사과 1개
- 레몬 1개
- 통후추 1큰술

① 양파, 당근, 마늘, 생강은 사방 0.7cm 크기로 썬다. 사과, 레몬은 껍질째 깨끗이 씻은 후 얇게 슬라이스 한다.

② 냄비에 물, 청주 1/2컵, 잘게 썬 채소, 통후추를 모두 넣고 중간 불에서 30~40분간 끓인다.

③ 한 김 식힌 후 체에 밭쳐 채수만 걸러낸다. 걸러낸 채수는 1컵으로 부족하면 생수를 더한다.

④ 냄비에 채수, 양조간장, 설탕을 넣고 센 불에서 끓여 설탕이 녹을 때까지 저어주며 5분 정도 팔팔 끓인 후 불을 끈다.

⑤ 맛술, 청주 1컵을 넣고 다시 센 불에서 끓여 우르르 끓으면 불을 끄고 사과, 레몬을 넣고 뚜껑을 덮어 그대로 24시간 동안 둔다.

⑥ 체에 면포를 깔고 간장만 걸러낸 후 밀폐용기에 담아 보관한다.
 ＊ 맛간장은 1년간 냉장 보관 가능해요.

모든 솥밥에 어울리는
별미 비빔장 만들기

특히 잘 어울리는 솥밥

숙주 쇠고기 솥밥(24쪽), 통들깨 취나물 솥밥(36쪽),
유부 죽순 솥밥(38쪽), 냉이 불고기 솥밥(54쪽),
차돌박이 가지 솥밥(58쪽), 삼계 솥밥(80쪽),
봄나물 전복 솥밥(84쪽), 미역 굴 솥밥(106쪽),
꼬막 무 솥밥(110쪽), 뿌리채소 보리굴비 솥밥(126쪽)

달래 비빔장(또는 쪽파 비빔장) 2~3인분

송송 썬 달래 + 양조간장 + 생수 1큰술 + 참기름
(또는 쪽파) 50g   2큰술   1/2큰술

통깨 1/2큰술 + 고춧가루
                  1작은술

미나리 감태 비빔장 2~3인분

구운 감태 2장 + 송송 썬 + 다진 청양고추 + 다진 홍고추
              미나리 20g   1/2개   1/4개

맛간장 3큰술 + 깨소금 약간 + 참기름 약간
(만들기 19쪽)

특히 잘 어울리는 솥밥

모둠 채소튀김 솥밥(42쪽), 잔멸치 브로콜리 솥밥(46쪽),
봄나물 전복 솥밥(84쪽), 갈치튀김 솥밥(90쪽),
민어 불고기 솥밥(102쪽), 모둠 해물 솥밥(122쪽)

어떤 솥밥에 곁들여도 어울리는 비빔장 4가지를 소개합니다.
기호에 맞는 비빔장을 골라 곁들이면 솥밥에 부족한 간과 감칠맛을 더할 수 있어요.

특히 잘 어울리는 솥밥

말린 토마토 밥새우 솥밥(48쪽),
중국식 소시지 솥밥(70쪽), 가자미 스테이크 솥밥(98쪽),
관자 고구마 솥밥(114쪽)

고추장아찌 비빔장   2~3인분

다진 고추장아찌   양조간장 2큰술   생수 1큰술   들기름 2큰술
1~2개

다진 고추장아찌 1~2개 + 양조간장 2큰술 + 생수 1큰술 + 들기름 2큰술

통깨 2큰술   참치액 1작은술   매실청 1작은술   고춧가루 1작은술

후춧가루 약간

부추 간장 비빔장   2~3인분

특히 잘 어울리는 솥밥

토마토 베이컨 올리브 솥밥(28쪽), 모둠 버섯 솥밥(30쪽),
감자 곤드레 솥밥(34쪽), 대패 삼겹살 버섯 솥밥(50쪽),
초당옥수수 스테이크 솥밥(62쪽), 닭고기 우엉 솥밥(66쪽),
닭고기 참송이버섯 솥밥(74쪽), 미나리 명란 솥밥(88쪽),
뽈뽈 솥밥(118쪽)

송송 썬 부추 1줌   다진 홍고추   양조간장   생수 1큰술
(또는 쪽파)   1/2개   2큰술

참치액   매실청   참기름 약간   통깨 약간
1작은술   1작은술

CHAPTER 1

다채롭게
재료를 더한

별미 솥밥

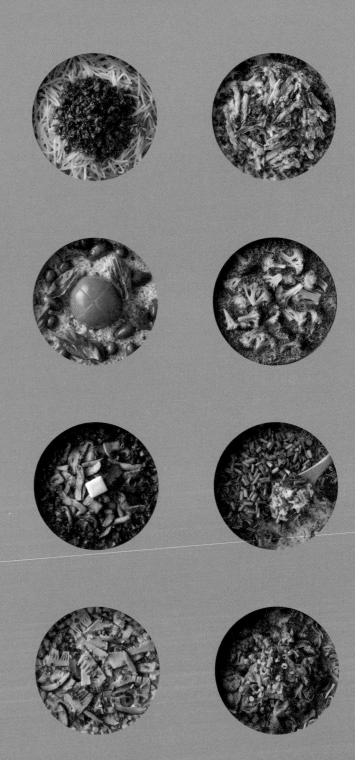

솥밥
맛있게 하는
3가지
포인트

**1 밥물에 쯔유를 넣어
밥에 감칠맛을 더했습니다.**
솥밥은 원래 가쓰오부시 육수로 밥을
짓는데, 좀 더 간단하면서도 비슷한
맛을 낼 수 있는 쯔유를 넣어 밥맛을
살렸습니다. 또한 해산물이 들어간
메뉴에는 청주를 더해 비린내를
잡았습니다.

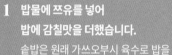

**2 재료와의 궁합을 고려해
쌀을 선택했습니다.**
기본적으로 재료의 맛을 살리는 멥쌀을
사용했습니다. 거기에 나물이나 마른
재료가 들어간 메뉴에는 찹쌀을 넣어
찰기를 더했고, 부슬부슬 흐트러지는
식감이 어울리는 솥밥에는 롱그레인이나
안남미를 사용했습니다.

**3 재료의 특성에 따라
넣는 순서를 달리해 맛을 살렸습니다.**
밤, 고구마 등 오래 익혀야 하는 것들은
처음부터, 살짝만 익혀 식감을 살리는
것들은 끓은 후, 이미 익힌 것들은
뜸 들일 때 넣었습니다.

숙주 쇠고기 솥밥

콩나물밥은 가장 대중적인 솥밥이죠. 그 대신 시원한 맛의 숙주로
밥을 지어보세요. 쇠고기와 궁합도 좋답니다.
부추가 듬뿍 들어간 비빔장과 잘 어울리니 함께 만들어보세요.

- 멥쌀 250g
- 물 280g
- 숙주(손질한 것) 200g
- 다진 쇠고기 100g
- 청주 1큰술
- 다시마 5×5cm 크기 1장

쇠고기 양념
- 설탕 1작은술
- 다진 마늘 1작은술
- 맛간장 2작은술(만들기 19쪽)
- 굴소스 1/2작은술
- 참기름 약간

Step 1 쌀 불리기

❶ 볼에 쌀과 물을 담고 손으로 흔들어 씻는다.
2~3번 반복한다. 체에 밭쳐 물기를 제거하고
20~30분간 불린다.

Step 2 재료 손질하기

2 볼에 쇠고기, 쇠고기 양념 재료를 넣어 골고루 섞는다.

3 달군 팬에 ②를 넣고 센 불에서 고슬고슬하게 볶은 후 덜어둔다.

Step 3 밥 짓기

4 냄비에 불린 쌀, 물, 청주, 다시마를 넣어 중강 불에서 끓인다. 끓어오르면 숙주를 올리고 중간 불에서 7~8분간 더 끓인다.

5 볶은 쇠고기를 올려 불을 끄고 10분간 뜸 들인다. 기호에 맞는 비빔장을 만들어 곁들인다.

* 비빔장 만들기 20쪽

이 재료로 만들어도 맛있어요!
숙주 대신 콩나물로 대체해 솥밥을 만들어도 좋아요.
채 썬 애호박(70g)을 들기름에 볶은 후 완성한 솥밥 위에 올리면 더 든든하게 즐길 수 있어요.

토마토 베이컨 올리브 솥밥

'토마토가 빨개지면 의사 얼굴이 파래진다'는 말이 있을
정도로 토마토는 몸에 좋은 식재료입니다.
익혀 먹으면 흡수가 더 잘되기에 솥밥으로 만들어봤습니다.
완숙토마토와 식감 좋은 올리브, 감칠맛을 내는
베이컨을 넣었어요. 구운 생선을 곁들이면
좀 더 든든하게 즐길 수 있습니다.

- 멥쌀 250g
- 물 300g
- 완숙토마토 1개
- 올리브 10개
- 베이컨 1줄
- 다진 마늘 1작은술
- 올리브유 1큰술
- 쯔유 1큰술
- 바질 잎 약간(생략 가능)
- 소금 약간

이 재료로 만들어도 맛있어요!
바질 대신 바질 페스토
1~2큰술을 곁들여도 좋아요.
쇠고기 스테이크나 생선을
구워서 솥밥에 곁들이면 더욱
든든하면서도 잘 어울려요.

Step 1 쌀 불리기

❶ 볼에 쌀과 물을 담고 손으로 흔들어 씻는다. 2~3번 반복한다.
체에 밭쳐 물기를 제거하고 20~30분간 불린다.

Step 2 재료 손질하기

❷ 토마토는 꼭지를 제거하고 열십(+)자로 칼집을 넣는다. 베이컨은 잘게
다진다.

❸ 냄비에 올리브유를 두르고 다진 마늘, 베이컨을 넣고 중간 불에서
노릇하게 볶는다.

Step 3 밥 짓기

❹ ③에 불린 쌀, 물, 쯔유를 넣고 완숙토마토와 올리브를 올려
중강 불에서 끓인다. 끓어오르면 중간 불로 줄여 7~8분간 끓인다.
불을 끄고 10분간 뜸 들인다.

❺ 바질 잎을 손으로 찢어 올리고 주걱으로 토마토를 으깨어가며 골고루
섞는다. 부족한 간은 소금으로 더한다. 기호에 맞는 비빔장을 만들어
곁들인다.

✳ 비빔장 만들기 20쪽

모듬 버섯 솥밥

버섯은 단백질 함량이 높은 재료죠. 다양한 버섯을 듬뿍 넣어
건강하고도 든든한 솥밥을 만들었어요. 발사믹 식초와 홀그레인 머스터드를 양념에 넣어
양식처럼 즐길 수 있도록 했습니다. 마지막에 버터 한 조각을 넣어 비비면
더욱 풍미가 살아날 거예요.

- 멥쌀 250g
- 물 300g
- 모둠 버섯 200g
  (양송이버섯, 표고버섯,
  느타리버섯 등)
- 올리브유 2큰술
- 쯔유 1큰술
- 버터 1조각(10g)
- 송송 썬 쪽파 약간

양념
- 발사믹 식초 1큰술
- 홀그레인 머스터드
  1작은술
- 설탕 1/4작은술
- 소금 약간
- 후춧가루 약간
- 고운 고춧가루 약간
  (또는 고춧가루)

육수
- 뜨거운 물 2큰술
- 치킨스톡 약간

Step 1 쌀 불리기

 볼에 쌀과 물을 담고 손으로 흔들어 씻는다.
2~3번 반복한다. 체에 밭쳐 물기를 제거하고
20~30분간 불린다.

Step 2 재료 손질하기

❷ 모둠 버섯은 가닥가닥 뜯거나 모양대로
편 썬다.

❸ 달군 냄비에 올리브유를 두르고 모둠 버섯을
넣어 센 불에서 수분이 없어질 때까지 볶는다.

❹ 양념 재료를 넣고 국물이 거의 없어질 때까지
졸이고, 육수 재료를 넣어 1~2분간 더 졸인 후
덜어둔다.

✽ 치킨스톡은 뜨거운 물에 넣어 녹여 사용해요.

Step 3 밥 짓기

❺ ④의 냄비에 불린 쌀, 물, 쯔유를 넣고
중강 불에서 끓인다. 끓어오르면 중간 불로
줄여 7~8분간 끓인다.

❻ 불을 끄고 볶은 버섯을 올린 후 10분간
뜸 들인다. 버터, 쪽파를 올려 골고루 섞는다.
기호에 맞는 비빔장을 만들어 곁들인다.

✽ 비빔장 만들기 20쪽

이 재료로 만들어도 맛있어요!

차돌박이(70g)를 곁들여도 잘 어울려요. 달군 팬에 차돌박이를 올려 볶은 후 덜어두었다가 뜸 들일 때 올리세요.
차돌박이를 볶고 나온 기름에 버섯을 볶으면 더욱 풍미가 좋답니다.

감자 곤드레 솥밥

곤드레나물은 혈관에 좋은 식재료랍니다.
봄철 생 곤드레를 데쳐서 냉동 보관해 두었다가
사용해도 되고, 마른 곤드레 삶은 것을 넣어도 됩니다.
전기 압력 밥솥으로 만들었지만 냄비밥으로
만들어도 좋습니다.

- 멥쌀 200g
- 찹쌀 50g(또는 멥쌀)
- 물 300g
- 삶은 곤드레 100g
  (또는 삶은 시래기, 생 곤드레)
- 감자 1개
- 표고버섯 2개
- 다시마 5×5cm 크기 1장

밑간
- 들기름 1큰술
- 다진 마늘 1작은술
- 국간장 1작은술
- 된장 1작은술

Tip

이 재료를 곁들이면 더 든든해요!
단백질을 더해 더 든든하게 먹고
싶다면 달걀 프라이를 한 후 완성한
밥에 올려 비빔장에 비벼서 즐기세요.

Step 1 쌀 불리기

① 볼에 쌀과 물을 담고 손으로 흔들어 씻는다. 2~3번 반복한다.
체에 밭쳐 물기를 제거하고 20~30분간 불린다.

Step 2 재료 손질하기

② 삶은 곤드레는 물기를 짜고 밑간 재료에 무친다.

＊ 마른 곤드레를 사용한다면 부드러워질 때까지 충분히 삶은 후 물기를
꼭 짜서 사용하세요.

③ 감자는 사방 1cm 크기로 썰고, 표고버섯은 모양대로 썬다.

Step 3 밥 짓기

④ 전기 압력 밥솥에 불린 쌀, 물을 붓고 감자, 표고버섯, 곤드레를 올려
백미 코스로 밥을 한다. 기호에 맞는 비빔장을 만들어 곁들인다.

＊ 냄비로 밥을 한다면 냄비에 불린 쌀, 물, 감자, 표고버섯, 곤드레를 모두 넣고
중강 불로 끓여요. 끓어오르면 중간 불로 줄여 7~8분간 익힌 후
불을 끄고 10분간 뜸 들여요.

＊ 비빔장 만들기 20쪽

통들깨 취나물 솥밥

저처럼 나물 반찬을 좋아하는 분이라면 이 솥밥을 주목해 주세요.
불린 취를 듬뿍 넣어 솥밥을 지으니 향긋한 향이 밥에 가득합니다.
통들깨를 올려 고소함은 물론, 식감도 살렸지요.

- 멥쌀 200g
- 찹쌀 50g(또는 멥쌀)
- 물 320g
- 삶은 취나물 120g(또는 말린 나물, 생 취나물)
- 표고버섯 1개
- 통들깨 2큰술(또는 견과류, 생략 가능)
- 다시마 5×5cm 크기 1장

밑간
- 들기름 1큰술
- 들깨가루 1작은술
- 국간장 1작은술
- 참치액 1작은술

Step 1 쌀 불리기

❶ 볼에 쌀과 물을 담고 손으로 흔들어 씻는다. 2~3번 반복한다. 체에 받쳐 물기를 제거하고 20~30분간 불린다.

Step 2 재료 손질하기

❷ 삶은 취나물은 물기를 꼭 짜고 밑간 재료에 버무린다.

＊ 마른 취나물을 사용한다면 부드러워질 때까지 충분히 삶은 후 물기를 꼭 짜서 사용하세요.

❸ 표고버섯은 모양대로 썬다.

Step 3 밥 짓기

❹ 냄비에 불린 쌀, 물, 표고버섯, 취나물, 다시마를 올리고 중강 불에서 끓인다. 끓어오르면 중간 불로 줄여 7~8분간 끓인다.

❺ 불을 끄고 10분간 뜸 들인 후 골고루 섞는다. 기호에 맞는 비빔장을 만들어 곁들인다.

＊ 비빔장 만들기 20쪽

유부 죽순 솥밥

햇죽순이 올라 오기 시작하면 솥밥으로 만들어보세요. 생 죽순을 구하기 어렵다면 냉동이나
통조림 죽순을 사용해도 좋아요. 쯔유에 졸인 죽순은 반찬으로도 좋답니다.
맑은 장국이나 장아찌를 곁들이면 더 근사한 한 끼가 될 거예요.

- 멥쌀 250g
- 물 300g
- 삶은 죽순 90g(또는 죽순 통조림)
- 유부 3장
- 말린 표고버섯 1개(또는 생 표고버섯)
- 참기름 1/2큰술
- 쯔유 1큰술
- 송송 썬 쪽파 약간

양념
- 다시마 물 1컵(만들기 18쪽)
- 쯔유 2큰술

Step 1 쌀 불리기

❶ 볼에 쌀과 물을 담고 손으로 흔들어 씻는다.
2~3번 반복한다. 체에 밭쳐 물기를 제거하고
20~30분간 불린다.

Step 2 재료 손질하기

2 끓는 물에 유부를 넣어 30초~1분간 데치고
체에 밭쳐 한 김 식힌 후 물기를 꼭 짠다.

3 말린 표고버섯은 물에 담가 불린 후 물기를
꼭 짜고 채 썬다. 죽순은 채 썰고, 데친 유부는
굵게 다진다.

＊ 죽순 통조림을 사용할 때는 죽순을 체에 올린 후
뜨거운 물을 부어 헹군 후 사용하세요.

4 달군 팬에 참기름을 두르고 표고버섯,
죽순을 넣어 중간 불에서 가볍게 볶는다.

5 양념 재료를 넣고 약한 불로 줄여 국물이
2큰술 정도 남을 때까지 자박하게 끓인다.
체에 밭쳐 남은 국물은 따라낸다.

Step 3 밥 짓기

6 냄비에 불린 쌀, 물, 쯔유를 넣고 ⑤를 올려
중강 불로 끓인다. 끓어오르면 중간 불로 줄여
7~8분간 끓인다.

7 불을 끄고 10분간 뜸 들인 후 쪽파를 올리고
골고루 섞는다. 기호에 맞는 비빔장을 만들어
곁들인다.

＊ 비빔장 만들기 20쪽

모둠 채소튀김 솥밥

예약하기도 힘든 유명한 일식당에서 튀김 덮밥인 '텐바라동'을 맛본 후
한식 채소튀김으로 솥밥을 만들어봤습니다. 갓 지은 밥에 바삭하게 튀긴
제철 채소튀김을 올린 후 부셔서 밥과 함께 비비면 바삭하면서도
고소한 맛의 솥밥이 된답니다. 손님 초대 메뉴로도 좋아요.

- 멥쌀 250g
- 물 300g
- 고구마 1개
- 양파 1/4개
- 당근 1/6개
- 깻잎 10장
- 쯔유 1큰술
- 감자전분 3큰술
- 식용유 2~3컵
- 송송 썬 쪽파 약간

튀김옷
- 튀김가루 85g
- 차가운 물 80~100㎖

Step 1 쌀 불리기 & 밥 짓기

① 볼에 쌀과 물을 담고 손으로 흔들어 씻는다. 2~3번 반복한다. 체에 밭쳐 물기를 제거하고 20~30분간 불린다.

② 냄비에 불린 쌀, 물, 쯔유를 넣고 중강 불에서 끓인다. 끓어오르면 중간 불로 줄여 7~8분간 익힌다. 불을 끄고 10분간 뜸 들인다.

Step 2 재료 손질하기

❸ 고구마는 채 썰어 찬물에 담가
전분을 제거한 후 체에 밭쳐 물기를 제거한다.
양파, 당근, 깻잎은 채 썬다.

❹ 위생팩에 모든 채소, 감자전분을 넣고 입구를
꽉 잡은 후 흔들어가며 골고루 묻힌다.

❺ 볼에 튀김옷 재료를 넣고 섞은 후 ④를 넣어
묻힌다. 접시에 펼쳐 담아 모양을 낸다.

❻ 깊은 팬에 식용유를 붓고 중간 불로 끓여
180℃로 오르면 ⑤를 넣고 뒤집어가며
노릇하게 튀긴다.

Step 3 완성하기

❼ ②의 솥밥에 채소 튀김, 쪽파를 올려 골고루
섞는다. 기호에 맞는 비빔장을 만들어
곁들인다.

＊ 비빔장 만들기 20쪽

이 재료를 곁들이면 잘 어울려요!
바삭한 튀김이 들어있어 매콤한 고추 장아찌랑 잘 어울려요.

잔멸치 브로콜리 솥밥

칼슘이 풍부한 잔멸치를 듬뿍 넣어 간단하면서도 영양 가득한 솥밥을 만들어보세요.
반건조 잔멸치를 사용하면 더욱 촉촉해 어린 아이가 함께 먹어도 부담스럽지 않답니다.

🍲 2~3인분　⏱ 55~60분

- 멥쌀 250g
- 물 280g
- 잔멸치 30g(또는 밥새우)
- 브로콜리 50~60g
- 쯔유 1큰술
- 청주 1큰술

Tip

이 재료로 만들어도 맛있어요!
브로콜리 대신 같은 분량의
그린빈이나 아스파라거스,
오크라로 대체해도 좋아요.

Step 1 쌀 불리기

❶ 볼에 쌀과 물을 담고 손으로 흔들어 씻는다. 2~3번 반복한다.
체에 밭쳐 물기를 제거하고 20~30분간 불린다.

Step 2 재료 손질하기

❷ 브로콜리는 한입 크기로 썬다.

❸ 잔멸치는 체에 밭쳐 털어 불순물을 제거하고 물에 헹궈 물기를 뺀다.

Step 3 밥 짓기

❹ 냄비에 쌀, 물, 쯔유, 청주를 넣고 중강 불에서 끓인다. 끓어오르면
잔멸치, 브로콜리를 올려 중간 불로 줄인 후 7~8분간 끓인다.

❺ 불을 끄고 10분간 뜸을 들인 후 골고루 섞는다. 기호에 맞는 비빔장을
만들어 곁들인다.

✳ 비빔장 만들기 20쪽

말린 토마토 밥새우 솥밥

말린 토마토를 다양하게 활용하기 위해 만든 메뉴예요.
솥밥에 넣으니 올리브유에 재워두지 않아도 촉촉하게 즐길 수 있어요.
고소하고 감칠맛 나는 밥새우와 새콤한 말린 토마토,
향긋한 미나리의 조화가 입맛을 돋운답니다.

- 멥쌀 250g
- 물 315g
- 밥새우 12g(또는 잔멸치)
- 말린 방울토마토 10g
- 미나리 7~8줄기(또는 참나물)
- 쯔유 1큰술

Step 1 쌀 불리기

① 볼에 쌀과 물을 담고 손으로 흔들어 씻는다. 2~3번 반복한다. 체에 밭쳐 물기를 제거하고 20~30분간 불린다.

Step 2 재료 손질하기

② 미나리는 송송 썬다.

③ 밥새우는 체에 밭쳐 불순물을 털어낸다.

Step 3 밥 짓기

④ 냄비에 불린 쌀, 물을 붓고 밥새우, 말린 방울토마토를 올려 중강 불로 끓인다. 끓어오르면 중간 불로 줄여 7~8분간 끓인 후 미나리를 올리고 3분 더 익힌다.

＊ 말린 방울토마토는 직접 만들어 사용해도 좋아요. 2등분한 후 100℃의 오븐이나 식품 건조기에서 1~2시간 구운 후 사용해요.

⑤ 불을 끄고 7분간 뜸 들인 후 골고루 섞는다. 기호에 맞는 비빔장을 만들어 곁들인다.

＊ 비빔장 만들기 20쪽

대패 삼겹살
버섯 솥밥

말린 버섯을 올려 밥을 짓고,
익는 동안 대패 삼겹살을 후다닥
볶아 올리면 간단하면서도
든든하게 즐길 수 있는 한그릇밥이
완성된답니다. 대패 삼겹살은
기름기가 많으니 밥에 올리기
전에 체에 받쳐 기름기를 뺀 후
사용해요.

- 멥쌀 250g
- 물 300g
- 대패 삼겹살 200g(또는 우삼겹)
- 말린 느타리버섯 10g(또는 팽이버섯 1봉)
- 쯔유 1큰술
- 송송 썬 쪽파 약간

양념
- 설탕 1큰술
- 양조간장 2큰술
- 식초 2큰술
- 맛술 1큰술
- 청주 1큰술
- 참기름 1/2큰술
- 다진 생강 1/2작은술
- 후춧가루 약간

Step 1 쌀 불리기

① 볼에 쌀과 물을 담고 손으로 흔들어 씻는다.
2~3번 반복한다. 체에 밭쳐 물기를 제거하고
20~30분간 불린다.

Step 2 재료 손질하기

② 말린 느타리버섯은 20분 정도 물에 불려
물기를 꽉 짠다. 볼에 양념 재료를 넣고 섞는다.

③ 달군 팬에 대패 삼겹살을 넣고 센 불에서
기름을 닦아가며 바삭하게 굽는다.
양념을 넣고 양념이 졸아들 때까 볶은 후
체에 밭쳐 기름기를 뺀다.

Step 3 밥 짓기

④ 냄비에 불린 쌀, 물, 쯔유를 넣고 느타리버섯을
올린다. 중강 불에서 끓어오르면 중간 불로
줄여 7~8분간 익힌다.

⑤ ③을 올린 후 불을 끄고 10분간 뜸 들인 후
쪽파를 올려 골고루 섞는다. 기호에 맞는
비빔장을 만들어 곁들인다.

＊ 비빔장 만들기 20쪽

이 재료로 만들어도 맛있어요!
말린 버섯은 보관이 쉽고 식감도 더 쫄깃해서 솥밥이나 찌개 끓일 때 사용하면 좋아요.
말린 버섯이 없다면 생 느타리버섯 80g을 가닥가닥 뜯은 후 사용해도 좋아요.

냉이 불고기 솥밥

밥솥 뚜껑을 열면 향긋한 냉이향으로
기분 좋아지는 솥밥입니다.
냉이가 나오기를 기다렸다가 늘 만들어 먹지요.
따뜻한 냉이 불고기 솥밥을 김에 싸 먹어도 잘 어울려요.

- 멥쌀 250g
- 물 300g
- 냉이 100g(또는 제철 나물)
- 쇠고기 불고기용 200g
- 쯔유 1큰술

불고기 양념
- 설탕 1/2큰술
- 양파즙 1큰술
- 청주 1큰술
- 양조간장 1큰술
- 굴소스 1작은술
- 꿀 1/2큰술
- 참기름 1작은술
- 후춧가루 약간
- 통깨 약간

Step 1 쌀 불리기

❶ 볼에 쌀과 물을 담고 손으로 흔들어 씻는다.
2~3번 반복한다. 체에 밭쳐 물기를 제거하고
20~30분간 불린다.

Step 2 재료 손질하기

2 냉이는 지저분한 잎을 제거하고 쫑쫑 썬다.

3 볼에 쇠고기, 불고기 양념 재료를 넣어
골고루 섞는다.

4 달군 팬에 ③을 넣고 센 불에서 수분이 없어질
때까지 볶는다.

Step 3 밥 짓기

5 냄비에 불린 쌀, 물, 쯔유를 넣고 중강 불에서
끓인다. 끓어오르면 중간 불로 줄이고 냉이를
올려 7~8분간 익힌다.

6 불고기를 올린 후 불을 끄고 7분간 뜸 들인 후
골고루 섞는다. 기호에 맞는 비빔장을 만들어
곁들인다.

＊ 비빔장 만들기 20쪽

이 재료로 만들어도 맛있어요!
냉이 대신 미나리나 참나물, 유채나물, 시금치 등 다른 제철 채소로 대체해도 좋아요.
냉이처럼 향이 나는 채소에는 송송 썬 쪽파는 안 어울리니 생략해요.

차돌박이 가지 솥밥

가지는 호불호가 극명하게 갈리는 채소 중 하나지요.
물컹한 가지의 식감을 좋아하지 않아도 따뜻한 밥에 쇠고기와 함께
슥슥 비벼서 함께 먹으면 누구나 잘 먹는 밥이 된답니다.

• 멥쌀 250g

• 물 280g

• 차돌박이 100g(또는 쇠고기 불고기용)

• 가지 2개

• 다진 대파 4큰술

• 식용유 2큰술

• 쯔유 2큰술

• 송송 썬 쪽파 약간

Step 1 쌀 불리기

❶ 볼에 쌀과 물을 담고 손으로 흔들어 씻는다.
2~3번 반복한다. 체에 밭쳐 물기를 제거하고
20~30분간 불린다.

Step 2 재료 손질하기

2 가지는 2등분한 후 어슷 썬다.

3 달군 팬에 식용유를 두르고 다진 대파를
넣어 중간 불에서 향이 충분히 올라올 때까지
볶는다. 차돌박이를 넣고 기름이 나오도록
볶는다.

4 가지, 쯔유를 넣고 국물이 1큰술 정도 남을
때까지 졸인다.

Step 3 밥 짓기

5 냄비에 불린 쌀, 물을 넣고 ④를 올려
중강 불에서 끓인다. 끓어오르면 중간 불로
줄여 7~8분간 익힌다.

* 가지에서 수분이 나오니 밥물은 평소보다 적게
잡았어요.

6 불을 끄고 10분간 뜸 들인 후 쪽파를 올린 후
골고루 섞는다. 기호에 맞는 비빔장을 만들어
곁들인다.

* 비빔장 만들기 20쪽

초당옥수수 스테이크 솥밥

고기를 좋아하는 아들들을 위해
준비한 특별한 솥밥입니다.
스테이크를 구워 달큰한 옥수수와 함께
솥밥을 지으니 든든한 솥밥이 되죠.
보기에도 근사해서 손님 초대 메뉴로
준비해도 좋답니다.

🍲 2~3인분　⏱ 55~60분

- 멥쌀 250g
- 물 280g
- 초당옥수수 1개(또는 옥수수 통조림)
- 쇠고기 스테이크용 1조각(채끝 등심 등, 200~300g)
- 버터 1조각(10g) + 1조각(10g)
- 쯔유 1큰술
- 송송 썬 쪽파 약간

밑간
- 올리브유 2큰술
- 소금 약간
- 후춧가루 약간

Step 1 쌀 불리기

❶ 볼에 쌀과 물을 담고 손으로 흔들어 씻는다.
2~3번 반복한다. 체에 밭쳐 물기를 제거하고
20~30분간 불린다.

Step 2 재료 손질하기

2 쇠고기는 키친타월로 핏물을 제거하고
밑간 재료에 버무려 실온에 1시간 정도 둔다.

3 초당옥수수는 위에서 아래로 알갱이를
긁어내듯 썬다.

4 달군 팬에 버터 1조각, 쇠고기를 올려
센 불에서 1분 30초~2분씩 뒤집어가며
모든 면을 익힌다. 접시에 덜어서 10분간
레스팅한 후 0.7~1cm 두께로 썬다.

＊ 스테이크 고기의 두께에 따라 굽는 시간을
조절하세요.

Step 3 밥 짓기

5 냄비에 불린 쌀, 물, 쯔유를 넣고 옥수숫대,
옥수수 알갱이를 올려 중강 불에서 끓인다.
끓어오르면 중간 불로 줄여 7~8분간 익힌다.

6 불을 끄고 7분간 뜸 들인 후 옥수숫대를
제거한다.

7 스테이크, 버터 1조각, 쪽파를 올리고 3분간
더 뜸 들인 후 골고루 섞는다. 기호에 맞는
비빔장을 만들어 곁들인다.

＊ 비빔장 만들기 20쪽

Tip

이 재료를 곁들이면 폼나요!
완두콩을 약간 추가하면 색감이 더 화려해져요. 옥수수를 넣을 때 함께 넣어 익혀요.

닭고기
우엉 솥밥

짭쪼름하게 졸인 우엉과 당근으로
감칠맛을 더한 솥밥입니다.
쫄깃하고 부드러운 닭다리살을
구워 올려 더욱 푸짐합니다.
양념에 청양고추가 들어가
매콤하게 즐길 수 있지만 아이와
함께 먹는다면 생략해도 좋습니다.

- 멥쌀 250g
- 물 300g + 4큰술
- 닭다리살 2장
- 말린 우엉 20g
- 당근 20g
- 식용유 1/2큰술
- 소금 약간
- 후춧가루 약간
- 송송 썬 쪽파 약간

양념
- 다진 청양고추 1개
- 쯔유 2큰술
- 물엿 1큰술
- 참기름 1작은술
- 들기름 1작은술

Step 1 쌀 불리기

❶ 볼에 쌀과 물을 담고 손으로 흔들어 씻는다.
2~3번 반복한다. 체에 밭쳐 물기를 제거하고
20~30분간 불린다.

Step 2 재료 손질하기

2 말린 우엉은 20~30분간 물에 불린 후 체에
받쳐 물기를 제거한다. 당근은 가늘게 채 썬다.

    ＊ 말린 우엉을 불려서 사용하면 식감이 좋아요.
생 우엉 80g으로 대체해도 좋아요.

3 닭다리살에 소금, 후춧가루를 뿌려 밑간한다.

4 달군 팬에 닭다리살을 껍질 쪽부터 올려
중강 불에서 노릇하게 뒤집어가며 굽는다.
한 김 식힌 후 한 입 크기로 썬다.

5 다른 팬을 달궈 식용유를 두르고 우엉, 당근을
넣고 중간 불에서 소리가 잦아들 때까지
볶는다. 물 4큰술을 넣고 부드럽게 익힌다.

6 ⑤에 양념 재료를 넣고 더 볶아 바짝 졸인다.

Step 3 밥 짓기

7 냄비에 불린 쌀, 물을 넣고 ⑥, 닭다리살을 넣고
중강 불에서 끓인다. 끓어오르면 중간 불로
줄이고 7~8분간 익힌다.

8 불을 끄고 10분간 뜸을 들인 후 쪽파를 넣어
골고루 섞는다. 기호에 맞는 비빔장을 만들어
곁들인다.

    ＊ 비빔장 만들기 20쪽

(Tip)

이 재료로 만들어도 맛있어요!
시판용 닭다리살 스테이크를 사용하면 좀 더 쉽게 만들 수 있어요.
과정 ⑥까지 완성한 우엉 당근 조림은 김밥 속재료로 활용해도 좋아요.

중국식 소시지 솥밥

홍콩식 돌솥밥인 '뽀짜이판'을 소시지를 넣어 쉽게 만들었어요.
마지막에 달걀을 깨뜨려 넣어 반숙으로 올린 것이 특징이죠.
뜸 들일 때 기름을 한 큰술 두르면 쌀의 풍미가 살아나고,
달큰한 중국 소시지를 넣으면 좀 더 중화풍으로 즐길 수 있어요.

- 멥쌀 250g
- 물 300g
- 베이컨 1줄
- 소시지 2개
- 말린 표고버섯 2개
- 브로콜리 약간
- 달걀 1개
- 식용유 1큰술

표고버섯 밑간
- 굴소스 1/2작은술
- 쯔유 1작은술
- 감자전분 1/2작은술

양념
- 물 1/2컵(100㎖)
- 흑설탕 1/2작은술
  (또는 마스코바도)
- 양조간장 2작은술
- 굴소스 1/2작은술
- 치킨스톡 1/2작은술
- 참기름 약간

Step 1 쌀 불리기

 볼에 쌀과 물을 담고 손으로 흔들어 씻는다.
2~3번 반복한다. 체에 밭쳐 물기를 제거하고
20~30분간 불린다.

Step 2 재료 손질하기

❷ 베이컨은 잘게 다지고, 브로콜리는 한입
크기로 썬다.

❸ 말린 표고버섯은 물에 불린 후 채 썬다.
볼에 넣고 표고버섯 밑간 재료에 버무린다.

❹ 소시지는 사선으로 칼집을 넣는다.
끓는 물에 소시지를 넣고 1~2분간 데친 후 건져
물기를 제거한다.

Step 3 밥 짓기

❺ 달군 냄비에 베이컨을 넣고 중간 불에서
노릇하게 충분히 볶다가 불린 쌀을 넣어
투명해질 때까지 볶는다.

❻ 물을 붓고 중강 불에서 끓여 끓어오르면
중간 불로 줄여 7~8분간 익힌다.

❼ 소시지, 브로콜리, 표고버섯을 넣고 가장자리에
식용유를 두르고 센 불로 올려 1분간 익힌다.

❽ 불을 끄고 달걀을 깨뜨려 올린 후
7분간 뜸 들인다. 소시지는 먹기 좋은 크기로
썰어 함께 버무린다. 기호에 맞는 비빔장을
만들어 곁들인다.

＊ 비빔장 만들기 20쪽

(Tip)

이 재료로 만들어도 맛있어요!
브로콜리 대신 초록색 청경채를 곁들이면 식감과 색감을 살리면서 맛도 잘 어울려요.

닭고기 참송이버섯 솥밥

자연산 송이버섯처럼 향이 좋은 참송이버섯을 듬뿍 넣어 만든 솥밥입니다.
냄비 뚜껑을 여는 순간 퍼지는 버섯향은 그 어떤 테라피보다 좋답니다.
버섯의 향을 헤치지 않는 담백한 닭고기를 올려 함께 근사한 솥밥을 즐겨보세요.

- 멥쌀 250g
- 물 300g
- 닭다리살 1개(또는 닭가슴살)
- 참송이버섯 3~4개(또는
  표고버섯, 미니 새송이버섯)
- 은행 10개
- 쯔유 1큰술
- 식용유 1큰술
- 버터 1조각(10g)
- 송송 썬 부추 약간(또는 쪽파)

  양념
- 쯔유 1/2큰술
- 생강즙 1/2작은술

(Tip)

이 재료로 만들어도 맛있어요!
참송이버섯은 제철이 아니면
구하기가 쉽지 않은 식재료죠.
향이 좋은 표고버섯이나 식감이
좋은 미니 새송이버섯으로
대체해도 좋습니다.

Step 1 쌀 불리기

❶　볼에 쌀과 물을 담고 손으로 흔들어 씻는다. 2~3번 반복한다.
　　체에 밭쳐 물기를 제거하고 20~30분간 불린다.

Step 2 재료 손질하기

❷　참송이버섯은 결대로 찢는다.

❸　닭다리살은 한입 크기로 썬다.

❹　달군 팬에 버터, 닭다리살을 넣고 중간 불에서 노릇하게 볶다가
　　은행을 넣어 더 볶는다.

❺　양념 재료를 넣어 자작하게 졸인다.

Step 3 밥 짓기

❻　냄비에 불린 쌀, 물, 쯔유, ⑤, 참송이버섯을 올려 중강 불에서 끓인다.
　　끓어오르면 중간 불로 줄여 7~8분간 익힌다.

❼　불을 끄고 10분간 뜸을 들인 후 부추를 올려 골고루 섞는다.
　　기호에 맞는 비빔장을 만들어 곁들인다.

＊ 비빔장 만들기 20쪽

닭다리살 스테이크와 고수 솥밥

롱그레인 쌀로 고슬고슬하게 지은 밥에 고수와 라임을 곁들여
동남아 스타일로 즐길 수 있는 메뉴랍니다. 닭고기에 뿌린
타진소스는 멕시칸의 고추, 라임 등으로 만든 매콤하고 시큼한
감칠맛이 나는 소스예요. 닭다리살 스테이크를 큼직하게 썰어
밥에 곁들여 이국적인 풍미를 즐겨보세요.

🍲 2~3인분   ⏱ 55~60분

- 롱그레인 쌀 200g(또는 안남미, 귀리, 보리)
- 물 230g
- 시판 닭다리살 스테이크 2개(또는 일반 닭다리살)
- 타진소스 1/2큰술(또는 파히타 시즈닝)
- 식용유 3큰술
- 마늘 3개
- 라임제스트 1개분(또는 레몬제스트)
- 라임즙 1개(또는 레몬즙)
- 고수 약간(기호에 따라 가감)

Step 1 쌀 불리기 & 밥 짓기

❶ 볼에 롱그레인 쌀과 물을 담고 손으로 흔들어 씻는다. 2~3번 반복한다. 체에 밭쳐 물기를 제거하고 20~30분간 불린다.

＊ 찰기가 있는 멥쌀보다는 찰기가 없는 쌀, 곡물로 대체하면 좋아요.

❷ 고수는 송송 썰고, 마늘은 편 썬다.
라임 껍질을 제스터로 긁는다. ＊ 제스터가 없다면 라임 껍질을 얇게 저며서 잘게 다져요.

❸ 달군 냄비에 식용유를 두르고 마늘을 넣어 중약 불에서 타지 않게 노릇하게 볶은 후 덜어둔다.

❹ ③의 냄비를 계속 달궈 롱그레인 쌀을 넣고 투명해질 때까지 볶는다.

❺ 물, 라임제스트를 넣고 중강 불로 올려 끓인다.
끓어오르면 5분간 익힌 후 불을 끄고 10분간 뜸 들인다.

Step 2 재료 손질하기

6 닭다리살에 타진소스를 앞뒤로 골고루 묻힌다.

7 달군 팬에 닭다리살을 올려 중약 불에서
앞뒤로 노릇하게 굽는다.

＊ 일반 닭다리살을 사용할 경우는 달군 팬에
껍질 쪽부터 올려 중강 불에서 노릇하게
뒤집어가며 구워요.

Step 3 완성하기

8 ⑤의 냄비에 라임즙, 고수를 올려 골고루
섞은 후 구운 닭다리살을 곁들인다. 기호에
맞는 비빔장을 만들어 곁들인다.

＊ 비빔장 만들기 20쪽

Tip

이 재료를 곁들이면 맛있어요!
이국적인 메뉴라 김치보다는 할라피뇨, 피클을 곁들이는 게 더 잘 어울러요.
타진소스를 소개해요!
타진소스(Tajin)는 멕시칸의 고추, 라임 등으로 만든 매콤하고 시큼한 감칠맛이 나는 소스예요.
고기, 해산물 등 두루 잘 어울리는 소스지요. 뽈뽀 솥밥(118쪽)에도 사용했어요.

삼계 솥밥

늘 먹던 삼계탕이 지겨울 때 삼계 솥밥 어떠세요?
담백하게 만들기 위해 닭가슴살을 사용했어요.
원기회복에 좋은 수삼, 밤, 대추를 듬뿍 넣어 한 그릇에 영양을 가득 채웠답니다.

- 멥쌀 200g
- 찹쌀 50g(또는 멥쌀)
- 물 270g
- 닭가슴살 300g(또는 닭다리살)
- 마늘 4개
- 밤 5개
- 수삼 1~2뿌리
- 대추 2개
- 청주 1큰술
- 소금 1/4작은술
- 송송 썬 부추 약간(또는 쪽파)

Step 1 쌀 불리기

① 볼에 쌀과 물을 담고 손으로 흔들어 씻는다.
2~3번 반복한다. 체에 밭쳐 물기를 제거하고
20~30분간 불린다.

Step 2 재료 손질하기

2 수삼은 모양대로 얇게 썰거나 통으로
준비한다. 대추는 돌려깎아 씨를 제거하고
굵게 채 썬다. 밤은 2~3등분하고,
마늘은 굵게 다진다.

3 닭가슴살은 한입 크기로 썬다.

Step 3 밥 짓기

4 냄비에 불린 쌀, 물을 넣고 나머지 재료를
모두 올려 중강 불에서 끓인다. 끓어오르면
중간 불로 줄여 7~8분간 끓인다.

5 불을 끄고 10분간 뜸을 들인다.
기호에 맞는 비빔장을 만들어 곁들인다.
＊ 비빔장 만들기 20쪽

Tip

이 재료로 응용하면 색달라요!
밥물을 더 넉넉히 잡아 죽처럼 만들어도 좋아요.
쌀의 5배 정도의 물을 부어 저어가며 익히면 삼계죽으로 즐길 수 있어요.

봄나물
전복 솥밥

한 냄비에 파릇파릇한 봄나물,
쫄깃하면서 고단백인 전복을 올려
영양을 가득 채웠습니다. 봄나물은
두릅, 냉이 등 기호에 맞게
선택하세요. 밥과 무를 함께 볶아
부드럽고 달큰한 맛을 더한 것이
포인트랍니다.

- 멥쌀 200g
- 찹쌀 50g(또는 멥쌀)
- 물 300g
- 봄나물 200g(두릅, 방풍, 유채, 부지깽이, 취나물 등)
- 들기름 2큰술
- 전복(대) 3마리
- 무 지름 10cm, 두께 1cm 1토막(100g)
- 마늘 5개
- 밤 3~5개
- 은행 5~6개
- 대추 2~3개
- 다시마 5×5cm 크기 1장

Step 1 쌀 불리기

❶ 볼에 쌀과 물을 담고 손으로 흔들어 씻는다. 2~3번 반복한다. 체에 밭쳐 물기를 제거하고 20~30분간 불린다.

Step 2 재료 손질하기

2 무는 채 썰고, 마늘은 편 썬다.
대추는 돌려깎아 씨를 제거하고 채 썬다.
밤은 2~3등분한다.

3 끓는 물에 봄나물을 넣어 데친 후 물기를 짜고,
송송 썬다.

4 전복은 솔로 깨끗이 씻은 후 껍데기에서 살을
떼어낸 후 내장과 살을 분리한다.

5 전복 두 마리는 모양대로 썰고, 한 마리는
격자로 칼집을 낸다. 전복 내장은 두 마리분만
잘게 다져 둔다.

✻ 장식용이 필요없다면 3마리 모두 모양대로 썰어요.

6 달군 냄비에 들기름을 두르고 마늘을 넣어
중간 불에서 노릇하게 볶은 후 전복을 넣고
2~3분 더 익혀 전복만 건져 덜어둔다.

Step 3 밥 짓기

7 불린 쌀, 전복 내장, 무를 넣고 중간 불에서
쌀의 겉면이 투명해질 때까지 볶는다.
물, 다시마, 밤을 넣고 중강 불에서 끓여
끓어오르면 중간 불로 줄여 8분간 더 익힌다.

8 봄나물, 전복, 은행, 대추를 넣고 불을 끈 후
10분간 뜸 들인다. 기호에 맞는 비빔장을
만들어 곁들인다.

✻ 비빔장 만들기 20쪽

미나리 명란 솥밥

명란젓은 냉동실에 늘 구비해두고 있는 식재료죠. 마땅한 반찬이 없을 때 명란젓과 냉장고 속 채소를 넣어
간단한게 만들 수 있는 솥밥입니다. 다른 반찬이 없어도 감칠맛이 풍부해 맛있는 한 끼를 즐길 수 있어요.

🍚 2~3인분 ⏱ 55~60분

- 멥쌀 250g
- 물 280g
- 백명란젓 1쌍
- 미나리 10줄기(또는 참나물)
- 맛술 1큰술
- 청주 1큰술

Step 1 쌀 불리기

❶ 볼에 쌀과 물을 담고 손으로 흔들어 씻는다. 2~3번 반복한다.
체에 밭쳐 물기를 제거하고 20~30분간 불린다.

Step 2 재료 손질하기

❷ 미나리는 송송 썬다.

Step 3 밥 짓기

❸ 냄비에 불린 쌀, 물, 맛술, 청주를 넣고 명란젓을 올려 중강 불에서
끓인다. 끓어오르면 중간 불로 줄여 7~8분간 익힌다.

❹ 불을 끄고 10분간 뜸 들이고 미나리를 올려 1~2분 더 뜸 들인 후
골고루 섞는다. 기호에 맞는 비빔장을 만들어 곁들인다.

✻ 비빔장 만들기 20쪽

Tip

이 재료로 만들어도 맛있어요!
미나리 대신 향긋한 참나물을
송송 썰어 올려도 잘 어울려요.

갈치튀김 솥밥

담백한 갈치를 고소한 튀김옷을 묻혀 튀긴 후
솥밥에 곁들여보세요. 막 튀긴 바삭한 갈치튀김에
따뜻한 밥이 그렇게 잘 어울릴 수 없답니다.
따뜻할 때 먹는 것이 가장 맛있어요.
이 솥밥에는 감태 미나리 비빔장이 잘 어울려요.

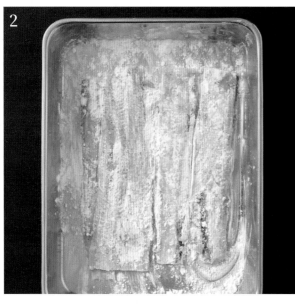
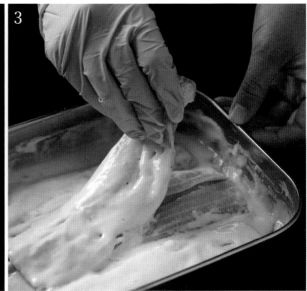

• 멥쌀 250g

• 물 300g

• 순살 갈치 200g

• 감자전분 2큰술

• 다시마 5×5cm 크기 1장

• 식용유 1~2컵

• 소금 약간

• 후춧가루 약간

• 송송 썬 쪽파 약간

튀김옷

• 튀김가루 50g

• 차가운 물 50~60g

• 달걀 10g

Step 1 쌀 불리기

❶ 볼에 쌀과 물을 담고 손으로 흔들어 씻는다.
2~3번 반복한다. 체에 밭쳐 물기를 제거하고
20~30분간 불린다.

Step 2 재료 손질하기

② 갈치는 소금, 후춧가루로 밑간한 후
감자전분을 골고루 묻힌다.

③ 볼에 튀김옷 재료를 넣어 섞은 후 ②를 넣고
가볍게 묻힌다.

④ 깊은 팬에 식용유를 붓고 중강 불에서 끓인다.
180℃의 기름에 ③을 넣고 노릇하게 튀긴 후
기름기를 뺀다.

Step 3 밥 짓기

⑤ 냄비에 불린 쌀, 물을 넣고 중강 불에서 끓인다.
끓어오르면 중간 불로 줄여 7~8분간 익힌다.

⑥ 불을 끄고 10분간 뜸 들인 후 갈치튀김,
쪽파를 올리고 으깨가며 골고루 섞는다.
감태 미나리 비빔장을 만들어 곁들인다.

＊ 비빔장 만들기 20쪽

이 재료로 응용하면 색달라요!
김밥 김에 갈치튀김 솥밥, 단무지만 넣고 김밥을 만들어도 맛있어요.

연어 스테이크 솥밥

연어를 구워서 솥밥에 올리면 비린내에 민감한 분도 걱정 없이 먹을 수 있어요.
밥을 지을 때 쯔유를 넣어 감칠맛을, 송송 썬 쪽파를 듬뿍 올려 풍미를 더했습니다.
심플하지만 고급스러운 맛을 즐길 수 있는 메뉴랍니다.

• 멥쌀 250g

• 물 280g

• 연어 1~2토막(200g)

• 쯔유 1큰술

• 청주 1큰술

• 소금 약간

• 후춧가루 약간

• 송송 썬 쪽파 약간

Step 1 쌀 불리기

❶ 볼에 쌀과 물을 담고 손으로 흔들어 씻는다.
2~3번 반복한다. 체에 밭쳐 물기를 제거하고
20~30분간 불린다.

Step 2 재료 손질하기

② 연어는 소금, 후춧가루를 뿌려 10분간 재운다.

③ 달군 팬에 연어 껍질이 바닥에 닿도록 올려
중강 불에서 4분간 굽는다. 뒤집어서 3~4분 더
익힌다.

＊ 밥 위에 올려 뜸 들이기 때문에 좀 덜 익혀도
괜찮아요.

Step 3 밥 짓기

④ 냄비에 불린 쌀, 물, 쯔유, 청주를 넣고
중강 불에서 끓인다. 끓어오르면 중간 불로
줄여 7~8분간 익힌다.

⑤ 구운 연어를 올리고 불은 끈 후 10분간
뜸 들인다. 쪽파를 올리고 골고루 섞는다.
기호에 맞는 비빔장을 만들어 곁들인다.

＊ 비빔장 만들기 20쪽

Tip

이 재료로 만들어도 맛있어요!
연어 대신 금태나 도미 등 다른 생선도 같은 방법으로 솥밥을 만들어도 잘 어울려요.

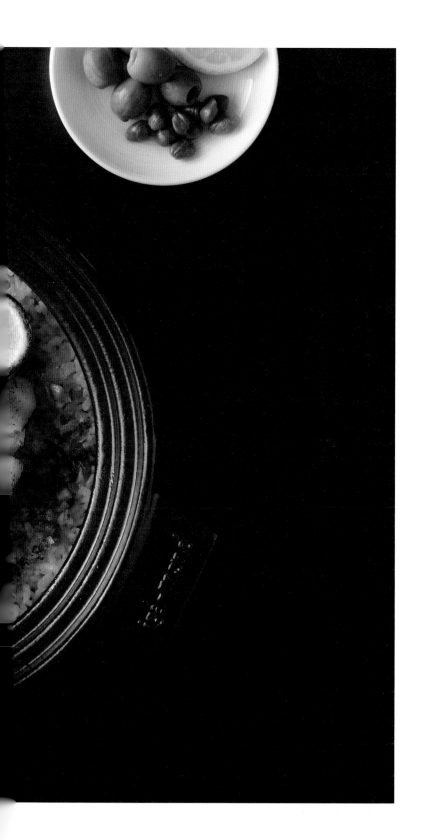

가자미
스테이크 솥밥

생선 좋아하는 남편을 위해
가자미와 어울리는 볶은 향신채를
곁들여 가자미 스테이크를 했는데,
그날따라 유난히 늦더라고요.
그래서 밥에 얹어 데웠더니
더 부드럽고 맛있다고 했습니다.
그래서 탄생한 메뉴지요. 가자미
스테이크와 솥밥을 한 번에
즐겨보세요.

- 멥쌀 250g
- 물 280g
- 순살 가자미 1~2조각
- 양파 1/4개
- 마늘 2개
- 케이퍼 1/2큰술
- 식용유 1큰술
- 버터 1조각(10g)
- 화이트와인 2큰술
- 레몬 1/6개
- 쯔유 1큰술
- 청주 1큰술
- 송송 썬 쪽파 약간

Step 1 쌀 불리기

❶ 볼에 쌀과 물을 담고 손으로 흔들어 씻는다.
2~3번 반복한다. 체에 밭쳐 물기를 제거하고
20~30분간 불린다.

Step 2 재료 손질하기

② 양파, 마늘, 케이퍼는 잘게 다진다.

③ 달군 팬에 식용유, 버터를 두르고 양파, 마늘을 넣어 중간 불에서 노릇하게 볶은 후 케이퍼를 넣고 더 익힌다.

④ ③을 팬 한쪽으로 밀어 놓고 중강 불로 올린 후 가자미를 올려 3~4분간 굽는다. 화이트와인을 넣어 알코올을 날린 후 레몬즙을 짜 넣고 레몬 조각을 넣어 같이 더 굽는다.

Step 3 밥 짓기

⑤ 냄비에 불린 쌀, 물, 쯔유, 청주를 넣고 중강 불에서 끓인다. 끓어오르면 중간 불로 줄여 7~8분간 익힌다.

⑥ 불을 끄고 10분간 뜸 들인 후 ④, 쪽파를 올려 골고루 섞는다. 기호에 맞는 비빔장을 만들어 곁들인다.

＊ 비빔장 만들기 20쪽

Tip

이 재료로 만들어도 맛있어요!

가자미 대신 달고기나 도미 등 다른 흰살생선으로 솥밥을 만들어도 잘 어울려요.
케이퍼는 알싸하면서도 이국적인 맛을 내는 식재료죠. 생략하면 맛이 많이 아쉬워요.
없다면 통후추를 굵게 부셔서 곁들여 풍미를 더해보세요.

민어 불고기 솥밥

민어는 보양식으로 즐기는 귀한 생선이죠. 불고기 양념에 재워 색다르게 즐겨보세요.
하룻동안 양념에 재워 솥밥에 올려 먹으면 감칠맛 나는 한 그릇이 완성된답니다.
알싸한 생강채를 곁들이면 더욱 깔끔하게 먹을 수 있어요.

- 멥쌀 200g
- 찹쌀 50g(또는 멥쌀)
- 물 290g
- 순살 민어 2토막
  (약 300g)
- 표고버섯 30g
- 맛간장 1큰술
  (만들기 19쪽)
- 밤 3~4개
- 생강 1톨
- 쯔유 1큰술
- 송송 썬 참나물 약간
  (또는 쪽파)

민어 양념
- 맛간장 3큰술
  (만들기 19쪽)
- 청주 1큰술
- 편 생강 약간
- 후춧가루 약간

Step 1 재료 손질하기

❶ 지퍼백에 민어, 양념 재료를 넣어 골고루
   섞은 후 냉장실에서 하루동안 재운다.
   표고버섯은 맛간장과 섞어 하룻동안 재운다.

❷ 생강은 채 썰고, 밤은 2~3등분한다.

❸ 달군 팬에 표고버섯을 넣고 중약 불에서
   1~2분간 볶은 후 덜어둔다.

❹ ①에서 민어만 건져내 팬에 올려 타지 않도록
   약한 불에서 3~4분간 더 굽는다.

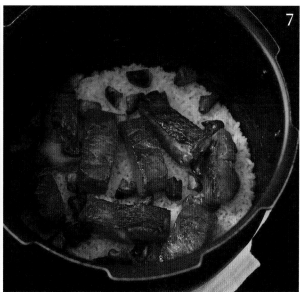

Step 2 쌀 불리기

❺ 볼에 쌀과 물을 담고 손으로 흔들어 씻는다. 2~3번 반복한다. 체에 받쳐 물기를 제거하고 20~30분간 불린다.

Step 3 밥 짓기

❻ 전기 압력 밥솥에 불린 쌀, 물, 밤, 쯔유를 넣고 백미 코스로 밥을 한다.

❼ 밥이 완성되면 구운 민어, 표고버섯을 올리고 재가열 버튼을 눌러 한 번 더 익힌다. 다 익으면 생강채, 참나물을 올려 골고루 섞는다. 기호에 맞는 비빔장을 만들어 곁들인다.

＊ 냄비로 밥을 한다면 냄비에 불린 쌀, 물, 표고버섯, 밤, 쯔유를 넣고 중강 불에서 끓여요. 끓어오르면 중간 불로 줄여 7~8분간 익혀요. 불을 끄고 구운 민어를 올리고 10분 뜸 들인 후 생강채, 참나물을 곁들여요.

＊ 비빔장 만들기 20쪽

(Tip)

이 재료로 만들어도 맛있어요!

민어는 살이 두툼하고 단단한 생선이에요. 민어 대신 농어, 도미 등으로 대체해도 좋아요.

미역 굴 솥밥

생굴을 먹을 수 있을 땐
호로록호로록 잘 먹었는데, 한번
배탈이 난 후에는 생굴을 먹기가
힘들더라고요. 그래도 굴을 워낙
좋아해서 익힌 후 솥밥에 올려
즐기게 되었습니다. 생으로 넣으면
자칫 질척거릴 수 있으니 한번
데쳐서 올리는 것이 좋아요.

- 멥쌀 200g
- 찹쌀 50g(또는 멥쌀)
- 채소 국물 290g(만들기 18쪽)
- 굴 1컵(200g)
- 마른 미역 5~6g
- 밤 3~4개
- 참기름 1큰술
- 송송 썬 쪽파 약간

Step 1 쌀 불리기

❶ 볼에 쌀과 물을 담고 손으로 흔들어 씻는다.
2~3번 반복한다. 체에 밭쳐 물기를 제거하고
20~30분간 불린다.

Step 2 재료 손질하기

2. 볼에 마른 미역, 잠길 만큼의 물을 붓고 불린다. 굴은 소금물에 헹궈 체에 밭쳐 물기를 제거한다. 밤은 2~3등분한다.

3. 냄비에 채소 국물을 붓고 끓어오르면 굴을 넣어 10초간 데쳐 체에 밭쳐둔다. 데친 물은 밥물로 사용하므로 따로 둔다.

Step 3 밥 짓기

4. 달군 냄비에 참기름을 두른 후 불린 미역을 넣고 중간 불에서 2~3분간 볶는다.

5. 불린 쌀, ③의 데친 물, 밤을 올려 중강 불에서 끓인다. 끓어오르면 중간 불로 줄여 7~8분간 익힌다.

6. 굴을 올리고 불은 끈 후 10분간 뜸 들인다. 쪽파를 올려 골고루 섞는다. 기호에 맞는 비빔장을 만들어 곁들인다.

❋ 비빔장 만들기 20쪽

이 재료로 만들어도 맛있어요!
굴 대신 바지락살, 홍합살 등 다른 조개로 대체해도 좋아요. 단, 비린내가 날 수 있으니
물을 넣을 때 청주 1큰술을 더해서 밥을 지어보세요.

꼬막 무 솥밥

꼬막은 별도의 양념 없이 먹어도 감칠맛이 좋은 조개입니다.
제철을 맞은 꼬막을 밥 위에 듬뿍 올려 바다향 가득한
솥밥을 만들어보세요. 향긋한 깻잎과 달래를 올려서
함께 비비면 비린맛을 잡을 수 있어요.

2~3인분   55~60분(+ 꼬막 해감하기 1시간)

- 멥쌀 200g
- 찹쌀 50g(또는 멥쌀)
- 물 270g
- 무 지름 10cm, 두께 1cm 1토막(100g)
- 꼬막 500g(또는 꼬막살 150g)
- 송송 썬 달래 2큰술(또는 쪽파)
- 채 썬 깻잎 약간

Step 1 쌀 불리기

❶ 볼에 쌀과 물을 담고 손으로 흔들어 씻는다.
2~3번 반복한다. 체에 밭쳐 물기를 제거하고
20~30분간 불린다.

Step 2 재료 손질하기

❷ 꼬막은 소금물에 담가 1시간 이상 해감한다.

❸ 무는 3~4cm 길이로 채 썬다. 달래는 송송 썰고, 깻잎은 채 썬다.

❹ 끓는 물(3컵)에 꼬막을 넣고 한 방향으로 저어가며 끓인다. 껍질이 3~4개 벌어지기 시작하면 불을 끄고 뚜껑을 덮어 3분간 그대로 둔다. 체에 밭쳐 한 김 식힌 후 살만 발라낸다.

❺ 꼬막 삶은 물은 버리지 말고 깨끗한 윗물로 깐 꼬막을 헹궈 불순물을 제거한다.

＊ 꼬막 삶은 물로 꼬막살을 씻으면 본연의 맛을 더 잘 살릴 수 있어요.

Step 3 밥 짓기

❻ 냄비에 불린 쌀, 무, 물을 넣고 중강 불에서 끓인다. 끓어오르면 중간 불로 줄여 7~8분간 익힌다.

❼ 삶은 꼬막을 올려 3분간 더 익힌다. 불은 끄고 달래를 올린 후 1~2분간 더 뜸 들인다. 깻잎채를 올려 골고루 섞는다. 기호에 맞는 비빔장을 만들어 곁들인다.

＊ 비빔장 만들기 20쪽

Tip

이 재료로 만들어도 맛있어요!
꼬막처럼 식감이 좋은 백합 조개로 대체해도 잘 어울려요.

관자 고구마 솥밥

밥 하나로 근사한 요리가 되는 메뉴예요.
쫄깃한 관자를 버터에 구운 후 달콤한 고구마와 함께 밥에 올려 솥밥을 지어보세요.
고구마는 깍뚝 썰어 올려도 좋고, 껍질을 깨끗이 씻어 통째로 올려도 폼 난답니다.

- 멥쌀 250g
- 물 280g
- 고구마 1개(또는 작은 것 2개)
- 가리비 관자 10개(또는 키조개 관자)
- 버터 1조각(10g)
- 쯔유 1큰술
- 송송 썬 쪽파 약간

Step 1 쌀 불리기

❶ 볼에 쌀과 물을 담고 손으로 흔들어 씻는다.
2~3번 반복한다. 체에 밭쳐 물기를 제거하고
20~30분간 불린다.

Step 2 재료 손질하기

❷ 고구마는 한입 크기로 깍뚝 썬다. 물에 헹궈 전분기를 없앤다. 껍질째 넣을 고구마는 깨끗이 씻는다. 관자는 크기에 따라 2~4등분한다.

❸ 달군 팬에 버터, 관자를 올려 중간 불에서 노릇하게 굽는다.

Step 3 밥 짓기

❹ 냄비에 불린 쌀, 물, 쯔유를 넣고 고구마를 올려 중강 불에서 끓인다. 끓어오르면 7~8분간 익힌 후 가장 약한 불로 줄여 8분간 더 익힌다.

❺ 관자를 올리고 불을 끈 후 10분간 뜸 들인다. 쪽파를 올려 골고루 섞는다. 기호에 맞는 비빔장을 만들어 곁들인다.

✱ 비빔장 만들기 20쪽

이 재료로 만들어도 맛있어요!
관자는 전복으로 대체할 수 있어요. 껍질, 내장을 제거하고 같은 방법으로 버터에 구운 후 사용해요.
고구마는 종류에 따라 물양을 조절해야 해요. 수분이 많은 호박고구마를 넣을 때는
밥물을 적게, 밤고구마를 넣을 때는 밥물을 좀 더 넣어 밥을 하세요.

뽈뽀 솥밥

뽈뽀(pulpo)는 스페인어로
문어라는 뜻이죠. 주로 감자, 올리브를
곁들인 자숙 문어요리를 말해요.
쫄깃한 문어와 포슬한 감자,
향긋한 올리브를 밥 위에 듬뿍 올려
근사한 솥밥을 만들어보세요.
특별한 날 차리면 식탁을
멋지게 채워 줄 거예요.

🍲 2~3인분   ⏱ 55~60분

- 멥쌀 250g
- 물 300g
- 자숙 문어다리 1~2개
- 감자 1개
- 마늘 3~4개
- 올리브 6~8개
- 식용유 1큰술
- 버터 1조각 (10g)
- 타진소스 1/2큰술(또는 파히타 시즈닝, 소스 소개 79쪽)
- 레몬 1/6개
- 화이트와인 1큰술
- 소금 약간
- 후춧가루 약간
- 쯔유 1큰술
- 다진 이탈리안 파슬리 약간

Step 1 쌀 불리기

❶ 볼에 쌀과 물을 담고 손으로 흔들어 씻는다.
2~3번 반복한다. 체에 밭쳐 물기를 제거하고
20~30분간 불린다.

Step 2 재료 손질하기

❷ 감자는 한입 크기로 썰고, 마늘은 편 썬다.
끓는 물에 감자를 넣어 80% 정도 익도록
삶는다.

❸ 자숙 문어에 타진소스를 뿌려 골고루 묻힌다.

❹ 달군 팬에 식용유, 버터를 두르고 마늘을 넣어
중간 불에서 튀기듯 볶는다. 올리브, 삶은
감자를 넣어 노릇하게 굽는다.

❺ ④를 팬 한쪽으로 밀어놓고 자숙 문어를
올려 굽는다. 화이트와인을 넣고 레몬즙을
짠 후 레몬도 같이 넣어 더 굽는다.

Step 3 밥 짓기

❻ 냄비에 불린 쌀, 물, 쯔유를 넣고 중강 불에서
끓인다. 끓어오르면 중간 불로 줄여 7~8분간
익힌다.

❼ ⑤를 올리고 불을 끈 후 10분간 뜸 들인다.
먹기 전 자숙 문어는 먹기 좋은 크기로 썰고,
이탈리안 파슬리를 넣어 골고루 섞는다.
기호에 맞는 비빔장을 만들어 곁들인다.

＊ 비빔장 만들기 20쪽

Tip

이 재료로 만들어도 맛있어요!
자숙 문어다리 대신 오징어 1마리로 대체해도 잘 어울려요. 손질한 오징어에 타진소스를 묻힌 후
과정 ⑤에서 자숙 문어대신 넣고 익혀 같은 방법으로 완성하세요.

모둠 해물 솥밥

해물을 듬뿍 먹고 싶은 날, 좋아하는
해물을 가득 올려 솥밥을 만들어보세요.
해물을 익히지 않으면 질척거릴 수 있으니
살짝 데치거나 볶아서 사용하는 것이 좋습니다.
밥을 지을 때 톳을 넣으면 더욱 바다향 가득한
영양 솥밥으로 즐길 수 있어요.

- 멥쌀 200g
- 찹쌀 50g(또는 멥쌀)
- 채소 국물 1과 1/2컵(300㎖, 만들기 18쪽)
- 굴 100g
- 홍합 100g
- 전복 2마리
- 낙지 200g
- 생새우살 5~6마리
- 밥톳 10g(생략 가능)
- 무순 약간(생략 가능)
- 실고추 약간(생략 가능)

Step 1 쌀 불리기

❶ 볼에 쌀과 물을 담고 손으로 흔들어 씻는다.
2~3번 반복한다. 체에 밭쳐 물기를 제거하고
20~30분간 불린다.

Step 2 재료 손질하기

2   해물은 해동하거나 한입 크기로 썬다.

* 낙지와 전복은 먹기 좋은 크기로 썰어도 되지만,
    모양을 살려 통으로 얹으면 멋스러워요

3   냄비에 채소 국물을 넣어 끓인 후 낙지를 넣고
    30초간 데쳐 체에 밭친다. 데친 물(290g)은
    밥물로 쓰기 위해 따로 둔다.

4   달군 팬에 나머지 해물을 넣어 센 불에서 1분간
    살짝 볶는다.

Step 3 밥 짓기

4   냄비에 불린 쌀과 밥톳, 해물 데친 물을 붓고
    중강 불에서 끓인다. 끓어오르면 중간 불로
    줄여 7~8분간 익힌다.

5   해물을 모두 올린 후 불을 끄고 10분간
    뜸 들인다. 무순, 실고추를 올리고 골고루
    섞는다. 기호에 맞는 비빔장을 만들어
    곁들인다.

* 비빔장 만들기 20쪽

이 재료로 만들어도 맛있어요!

굴, 홍합, 전복, 낙지, 새우 등은 1~2가지만으로 대체하거나 집에 있는
오징어, 문어, 해물 믹스 등으로 활용해도 좋아요.

뿌리채소 보리굴비 솥밥

어느 파인다이닝에서 맛본 메뉴를 따라 만들었습니다. 건강한 뿌리채소 위에 짭쪼름한
보리굴비를 올려 밥을 하면 어느 레스토랑 부럽지 않죠. 보리굴비는 비린내가 날 수 있으니
토치로 겉을 살짝 굽거나 달군 팬에 살짝 구워 올려도 좋습니다.

🍲 2~3인분   ⏱ 55~60분

- 멥쌀 200g
- 찹쌀 50g(또는 멥쌀)
- 물 280g
- 찐 보리굴비 순살 100g
- 뿌리채소 100g(고구마, 우엉, 연근, 당근 등)
- 방풍나물 1줌(60~80g, 또는 제철 나물)
- 말린 표고버섯 1개
- 밤 4개
- 콩 1/4컵(제비콩, 완두콩 등)
- 쯔유 1/2큰술
- 송송 썬 쪽파 약간
- 실고추 약간(생략 가능)

Step 1 쌀 불리기

❶ 볼에 쌀과 물을 담고 손으로 흔들어 씻는다.
2~3번 반복한다. 체에 밭쳐 물기를 제거하고
20~30분간 불린다.

Step 2 재료 손질하기

❷ 뿌리채소, 밤은 사방 1cm 크기로 썬다. 콩은
    물에 담가 불린다.

❸ 끓는 소금물에 방풍나물을 넣어 1분간 데친다.
    찬물에 헹궈 물기를 꼭 짠 후 송송 썬다.
    말린 표고버섯은 물에 불려 물기를 꼭 짠 후
    사방 1cm 크기로 썬다.

❹ 찐 보리굴비는 가시를 제거하고 토치로 겉을
    살짝 굽는다.

    ＊ 토치로 구우면 비린내를 없앨 수 있어요. 토치가
      없다면 달군 팬에 기름을 두르지 않고 노릇하게
      구워요.

Step 3 밥 짓기

❺ 냄비에 불린 쌀, 쯔유를 넣고 뿌리채소,
    표고버섯, 밤, 콩을 올린 후 중강 불에서
    끓인다. 끓어오르면 중간 불로 줄여
    7~8분간 익힌다.

❻ 방풍나물, 보리굴비를 올린 후 불을 끄고
    10분간 뜸 들인다. 쪽파, 실고추를 올린다.
    기호에 맞는 비빔장을 만들어 곁들인다.

＊ 비빔장 만들기 20쪽

Tip

이 재료로 만들어도 맛있어요!
찐 보리굴비 대신 반건조 생선살로 대체해도 좋아요. 반건조 생선이 익히지 않은 것이라면,
쌀을 넣고 반건조 생선살을 올려 밥을 지으면 됩니다.

보리굴비는 이렇게 쪄요!
시판 찐 보리굴비를 사용하면 편하지만 구할 수 없다면 일반 보리굴비로 대체하세요.
쌀뜨물에 20~30분 담가 비린내를 없앤 후 김이 오른 찜기에 올려 25분 정도 찐 후 살만 발라 사용하세요.

찬밥을 활용해 휘리릭 만드는
간단 솥밥

1

2

1
더덕 솥밥

🍲 2~3인분

- 찬밥 2공기(400g)
- 더덕 2~3뿌리
- 표고버섯 2개
- 당근 40g
- 참기름 1/2큰술 + 1큰술
- 물 2큰술
- 양조간장 1/2작은술
- 소금 약간
- 잣가루 1큰술(또는 통깨)

① 더덕, 표고버섯, 당근은 채 썬다.

② 볼에 더덕, 참기름 1/2큰술, 소금을 넣어 버무린다.

③ 달군 냄비에 참기름 1큰술을 두르고 표고버섯, 당근을 넣어 중간 불에서 1~2분간 볶은 후 물, 양조간장을 넣어 30초간 더 볶는다.

④ ③의 냄비에 찬밥을 펼쳐 올린 후 더덕을 올리고 뚜껑을 덮어 약한 불에서 8분 정도 찌듯이 익힌다.

⑤ 잣가루를 올린 후 골고루 섞는다. 기호에 맞는 비빔장을 만들어 곁들인다. ✻ 비빔장 만들기 20쪽 참고

2
김치 알밥

🍲 1~2인분

- 찬밥 1공기(200g)
- 냉동 날치알 2큰술
- 잘 익은 김치 1/2컵
- 다진 단무지 2큰술
- 다진 게맛살 1큰술
- 청주 1큰술
- 설탕 1/4작은술
- 참기름 1작은술 + 1/2큰술 + 약간
- 마요네즈 1/2큰술(기호에 따라 가감)
- 무순 약간(생략 가능)
- 김가루 약간

① 날치알은 청주에 10분 정도 담가 해동하고 체에 밭친다.

② 김치는 쫑쫑 썰어 설탕, 참기름 1작은술에 버무린다.

③ 냄비에 참기름 1/2큰술을 바른 후 찬밥을 넣어 펼치고 날치알, 김치, 단무지, 게맛살을 돌려 담는다. 뚜껑을 덮어 약한 불에서 8분간 익힌다.

④ 무순, 김가루를 올리고 마요네즈, 참기름 약간을 넣어 골고루 버무린다.

3
모둠 나물 솥밥

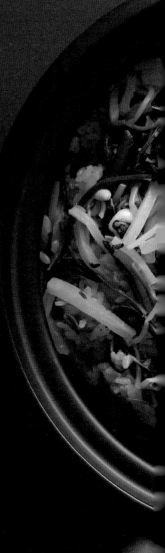

🍲 2~3인분

- 찬밥 2공기(400g)
- 모둠 나물 300g
  (무나물, 고사리나물, 콩나물, 취나물 등)
- 들기름 1큰술
- 나물 국물 2~3큰술
- 참기름 1/2큰술
- 집간장 1/2~1작은술(또는 양조간장)
- 통깨 약간

❶ 달군 냄비에 들기름을 두르고
   모둠 나물, 나물 국물을 넣고 중간
   불에서 볶다가 찬밥을 올려 펼친다.

❷ 뚜껑을 덮고 약한 불에서 7분간
   익힌다. 참기름, 집간장, 통깨를 올리고
   골고루 섞는다. 기호에 맞는 비빔장을
   만들어 곁들인다.
   ＊ 비빔장 만들기 20쪽 참고

4
스팸 깍두기 솥밥

🍲 2~3인분

- 찬밥 2공기(400g)
- 스팸 120~150g
- 달걀 프라이 1개
- 깍두기 300 ~ 350g
- 깍두기 국물 8큰술
- 설탕 1/2작은술
- 들기름 2큰술(또는 참기름)
- 참기름 1/2큰술
- 통깨 1/2큰술

❶ 스팸은 사방 0.5cm 크기로,
   깍두기는 사방 1cm 크기로 썬다.
   ＊ 스팸 대신 일반 햄을 넣을 경우 고추장
      2작은술을 추가해 볶아요.

❷ 달군 냄비에 기름 없이 스팸을 넣고
   중간 불에서 노릇하게 볶는다.

❸ 들기름을 두르고 깍두기를 넣어 30초
   정도 볶다가 깍두기 국물을 넣는다.
   ＊ 깍두기 대신 총각김치를 넣어도 맛있어요.

❹ 찬밥을 넣어 펼치고 약한 불로 줄여
   뚜껑을 덮어 7분간 익힌다.

❺ 골고루 섞은 후 달걀 프라이를 얹고
   참기름, 통깨를 뿌린다.

3

4

133

CHAPTER 2

폼 나는 재료의
조합

이
색
덮
밥

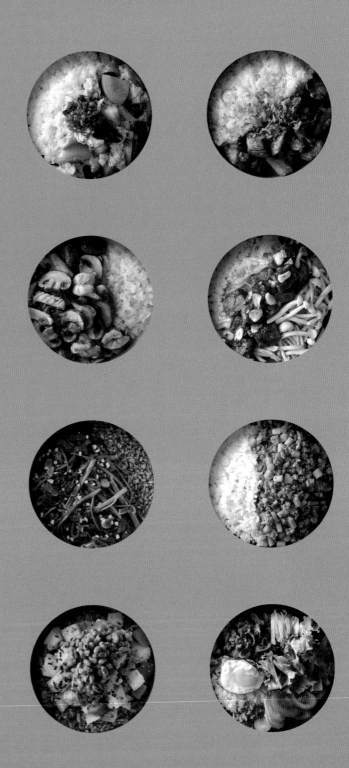

덮밥
맛있게 하는
3가지
포인트
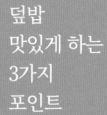

**1 밥과 함께 먹어도 싱겁지 않도록
간은 좀 세게 했습니다.**
다른 반찬이 필요 없을 정도로 푸짐한
덮밥 소스를 만들어 밥에 곁들였습니다.
밥과 함께 먹어야 하니 싱겁지 않도록
간을 조정했습니다.

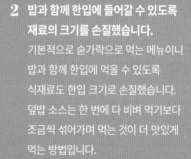

**2 밥과 함께 한입에 들어갈 수 있도록
재료의 크기를 손질했습니다.**
기본적으로 숟가락으로 먹는 메뉴이니
밥과 함께 한입에 먹을 수 있도록
식재료도 한입 크기로 손질했습니다.
덮밥 소스는 한 번에 다 비벼 먹기보다
조금씩 섞어가며 먹는 것이 더 맛있게
먹는 방법입니다.

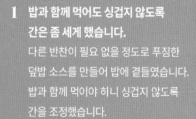

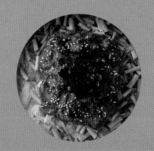

**3 다양한 잡곡밥은 물론 면, 빵과 함께
곁들여도 어울리도록 만들었습니다.**
메뉴에 따라 어울리는 밥을 소개하며
면, 빵 등 다양하게 응용할 수 있도록
다양한 팁을 넣었습니다.

토마토 달걀볶음 덮밥

토마토와 달걀볶음을 줄여서 '토달복'이라고 부를 정도로 유명한 조합이죠.
오독오독 씹히는 목이버섯을 듬뿍 넣어 재밌는 식감도 더했습니다.
국물을 좀 더 넉넉하게 만들어 수프나 죽처럼 즐겨도 좋아요

- 따뜻한 밥 2공기
- 완숙토마토 1개
- 달걀 3개
- 말린 목이버섯 4~5개
- 다진 파 1큰술
- 식용유 1큰술 + 1큰술
- 참기름 1큰술
- 화이트와인 1큰술
- 설탕 1/2작은술
- 소금 1/4작은술 + 약간
- 후춧가루 약간
- 송송 썬 쪽파 약간

양념

- 물 3큰술
- 굴소스 1작은술
- 감자전분 1/2작은술
- 치킨스톡 약간

Step 1　재료 손질하기

1　토마토는 한입 크기로 썬 후 설탕,
　소금 1/4작은술에 버무린다.
　볼에 달걀, 소금 약간, 후춧가루를 넣어
　골고루 섞는다.

2　볼에 말린 목이버섯, 잠길 정도의 찬물을 담아
　1시간 정도 불린다. 끓는 물에 불린 목이버섯을
　넣어 30초간 데친 후 체에 밭쳐 물기를
　제거한다.

Step 2 덮밥 소스 만들기

3 달군 팬에 식용유 1큰술을 두른 후 달걀물을
부어 스크램블한 후 덜어둔다.

4 달군 팬에 식용유 1큰술, 참기름을 두르고
다진 파를 넣어 센 불에서 1분간 볶는다.
화이트와인을 넣어 알코올을 날리고 토마토,
목이버섯을 넣어 센 불에서 2~3분간 볶는다.

5 양념 재료를 넣고 바글바글 끓으면 스크램블한
달걀을 넣어 섞은 후 불을 끈다.

Step 3 덮밥 완성하기

6 따뜻한 밥에 ⑤를 나눠 올리고 쪽파를
곁들인다.

Tip

이 재료로 만들어도 맛있어요!
말린 목이버섯 대신 말린 표고버섯으로 대체해도 좋아요.
물에 불린 후 물기를 꼭 짜고 사용하세요.

해물 양송이버섯 덮밥

브라운 양송이버섯은 일반 양송이버섯에 비해 색이 진하고
맛과 풍미도 진해요. 그래서 요리에 넣었을 때 존재감이 더욱 두드러지죠.
새우, 오징어와 함께 고추기름에 볶아 중화풍 소스를 만들어
밥에 곁들여 보세요. 밥 양을 줄이고 버섯을 듬뿍 올려 가볍게 즐겨도 좋아요.

Tip

이 재료로 만들어도 맛있어요!
브라운 양송이버섯 대신 팽이버섯 1봉으로 대체해도 좋아요.
2~3등분한 후 같은 방법으로 요리하세요.

- 따뜻한 밥 2공기
- 브라운 양송이버섯 15개
  (또는 양송이버섯)
- 오징어 몸통 1/2마리분
- 생새우살(대) 5마리
- 고추기름 1과 1/2큰술
  (또는 식용유)
- 대파 흰 부분 10cm
- 다진 마늘 1큰술
- 참기름 약간
- 송송 썬 쪽파 약간

양념
- 뜨거운 물 3큰술
- 치킨스톡 약간
- 청주 1큰술
- 양조간장 1작은술
- 굴소스 1작은술

전분물
- 물 1큰술
- 감자전분 1작은술

Step 1 재료 손질하기

❶ 브라운 양송이버섯은 모양대로 썬다. 대파는 송송 썬다.

❷ 오징어 몸통 안쪽에 칼집을 넣어 1cm 폭으로 썬다. 생새우살은
등쪽에 칼집을 내고 내장을 제거한다.

❸ 끓는 물에 브라운 양송이버섯을 넣어 30초간 데친 후 건져낸다.
그 물에 오징어, 생새우살을 넣어 30초간 데친 후 건져낸다.

Step 2 덮밥 소스 만들기

❹ 달군 팬에 고추기름을 두르고 파, 다진 마늘을 넣어 중간 불에서
노릇하게 2~3분간 볶는다.

❺ ④에 양념 재료, 브라운 양송이버섯을 넣고 센 불에서 수분이
없어지도록 볶는다.

＊ 양념 재료 중 치킨스톡은 뜨거운 물에 넣어 녹인 후 다른 양념과 섞어요.

Step 3 덮밥 완성하기

❻ 오징어, 생새우살을 넣고 섞은 후 전분물, 참기름을 넣어 골고루 섞어
따뜻한 밥에 나눠 담고 쪽파를 곁들인다.

＊ 전분물은 넣기 전에 한 번 더 섞은 후 사용하세요.

공심채볶음 덮밥

'모닝글로리'라고도 많이 알려진 공심채는
아삭한 식감이 좋은 동남아의 인기 식재료입니다.
베이컨과 함께 짭조름하게 볶아 덮밥으로
곁들이면 간단하면서 가벼운 한끼가 된답니다.
흰쌀밥은 물론 파로, 현미 등을 넣은
잡곡밥도 잘 어울려요.

- 따뜻한 밥 2공기(흰쌀밥,
  파로밥, 현미밥 등)
- 공심채 250g
- 베이컨 2줄
- 마늘 4개
- 식용유 2큰술
- 다진 땅콩 약간

양념
- 송송 썬 홍고추 1/2개분
- 물 2큰술
- 설탕 2작은술
- 된장 1작은술
- 피시소스 2작은술(또는 참치액)
- 굴소스 1/2작은술

Step 1 재료 손질하기

❶ 공심채는 10cm 길이로 썰어 줄기와 잎 부분을 나눈다.
베이컨은 1cm 폭으로 썰고, 마늘은 편 썬다.
볼에 양념 재료를 넣어 섞는다.

Step 2 덮밥 소스 만들기

❷ 달군 팬에 식용유를 두르고 베이컨을 넣어 중간 불에서 2~3분간
볶은 후 마늘을 넣고 1분간 더 볶는다.

❸ 센 불로 올려 공심채 줄기 부분을 넣고 30초간 볶은 후 양념을 넣고
재빨리 볶는다. 공심채 잎 부분을 넣어 뒤적인 후 불을 끈다.

Step 3 덮밥 완성하기

❹ 따뜻한 밥에 ③을 나눠 올린 후 다진 땅콩을 뿌린다.
＊ 국물까지 넉넉히 넣어 밥을 적셔서 먹어요.

Tip

이 재료로 만들어도 맛있어요!
공심채 대신 쑥갓으로 만들어도 좋아요. 쑥갓도 공심채처럼 줄기과 잎 부분을 분리해서 볶아요.

마 오이무침 낫또 덮밥

입맛 없을 때나 다이어트가 필요할 때 추천하는 간단한 덮밥입니다.
식이섬유와 단백질이 가득한 재료를 올려 더욱 가볍게 먹을 수 있습니다.
현미밥이나 잡곡밥을 사용하면 좀 더 건강하게 즐길 수 있겠죠?

144

🍚 1~2인분 ⏱ 15~25분

- 따뜻한 밥 1공기
  (현미밥, 귀리밥, 보리밥 등)
- 마 150g
- 오이 1개
- 낫또 1팩
- 후리가케 약간(생략 가능)

양념
- 후리가케 1큰술
- 쯔유 1큰술
- 식초 1/2작은술
- 참기름 1/2작은술

Step 1 재료 손질하기

❶ 마, 오이는 깍뚝 썬다.

Step 2 덮밥 소스 만들기

❷ 낫또는 휘저어 실을 낸다.

❸ 큰 볼에 양념 재료를 넣어 섞은 후 마, 오이를 넣어 버무린다.

Step 3 덮밥 완성하기

❹ 따뜻한 밥에 마 오이무침, 낫또를 올린다. 기호에 따라 후리가케를 뿌린다.

Tip

이 재료를 곁들이면 더욱 든든해요!
참치나 연어(70~80g)를 깍뚝 썰어 함께 곁들이면 좀 더 폼나고 든든하게 즐길 수 있어요.

마파가지 덮밥

마파두부 대신 마파가지를 만들어 덮밥으로 응용했습니다.
두반장을 베이스로 한 매콤한 양념이라 가지를 좋아하지 않는다해도
양념맛으로 맛있게 먹을 수 있을 거예요.

- 따뜻한 밥 2공기
- 가지 2개
- 다진 돼지고기 50g
- 피망 1/8개
- 다진 대파 10cm
- 다진 양파 2큰술
- 다진 마늘 1큰술
- 다진 생강 1작은술
- 식용유 1큰술 + 1큰술
- 고추기름 1큰술
- 두반장 1큰술
- 양파 플레이크 약간
  (생략 가능)

양념
- 뜨거운 물 1/2컵(100㎖)
- 치킨스톡 약간
- 양조간장 2작은술
- 설탕 1과 1/2큰술
- 흑초 1큰술(또는 식초)
- 청주 1큰술

전분물
- 물 1큰술
- 감자전분 1작은술

Step 1 재료 손질하기

❶ 가지는 필러로 껍질을 일부분만 벗기고
마구 썰기 한다. 피망은 사방 0.5cm 크기로
썬다.

❷ 각각의 볼에 양념 재료와 전분물 재료를 넣어
섞어둔다.

✳ 양념 재료 중 치킨스톡은 뜨거운 물에 넣어 녹인 후
다른 양념과 섞어요.

Step 2 덮밥 소스 만들기

③ 달군 팬에 식용유 1큰술을 두르고 가지를 넣어 중간 불에서 노릇하게 구운 후 덜어둔다.

④ ③의 팬을 닦고 다시 달궈 고추기름, 식용유 1큰술을 두른 후 두반장을 넣고 중간 불에서 1분간 볶는다. 다진 대파, 다진 양파, 다진 마늘을 넣어 향이 충분히 올라올 때까지 더 볶는다.

⑤ 돼지고기, 다진 생강을 넣어 중간 불에서 수분이 거의 없어질 때까지 볶은 후 구운 가지를 넣고 섞는다.

⑥ 재료를 팬의 한쪽으로 모은 후 팬의 가장자리에 양념을 부어 바글바글 끓어오르면 피망, 전분물을 넣어 골고루 섞는다.

✳ 전분물은 넣기 전에 한 번 더 섞은 후 사용하세요.

Step 3 덮밥 완성하기

⑦ 따뜻한 밥에 ⑥을 나눠 올리고 양파 플레이크를 뿌린다.

큐브 스테이크와
양상추볶음 덮밥

고기를 좋아하는 아이들에게 인기 만점인 메뉴입니다.
부드럽게 익힌 스테이크와 아삭하게 볶은 양상추로
폼 나면서 든든한 한 그릇을 만들 수 있지요.
밥은 생략하고 구운 채소를 곁들여 스테이크로 즐겨도 좋습니다.

🍽 2~3인분 ⏱ 40~50분

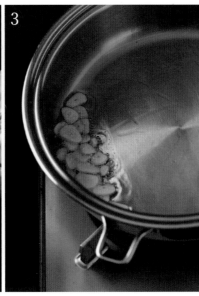

- 따뜻한 밥 2공기
- 쇠고기 스테이크용
  200g(등심 등)
- 양파 1/4개
- 양상추 150g
- 만가닥버섯 150g
  (또는 느타리버섯)
- 마늘 3개
- 식용유 1큰술
- 레드와인 2큰술
- 버터 1조각(10g)
- 소금 약간
- 후춧가루 약간
- 송송 썬 쪽파 약간

쇠고기 밑간
- 소금 약간
- 후춧가루 약간
- 올리브유 약간

소스
- 물 2큰술
- 토마토케첩 2큰술
- 스테이크 소스 2큰술
- 맛간장 1큰술
  (만들기 19쪽)

Step 1 재료 손질하기

❶ 쇠고기는 한입 크기로 썬 후 쇠고기 밑간
   재료에 버무려 20분 이상 재운다.

❷ 마늘은 편 썰고, 양파는 사방 2cm
   크기로 썬다. 양상추는 한입 크기로 썰고,
   만가닥버섯은 가닥가닥 손으로 찢는다.

Step 2 덮밥 소스 만들기

③ 달군 팬에 식용유를 두르고 마늘을 넣어
  중약 불에서 튀기듯이 볶은 후 덜어둔다.

④ 그 팬에 양파, 양상추를 넣어 센 불에서
  1~2분간 아삭하게 볶은 후 덜어둔다.

⑤ 계속 달궈 만가닥버섯을 넣고 센 불에서
  30초간 굽듯이 볶아 덜어둔다.

⑥ 달군 팬에 쇠고기를 넣어 센 불에 네면을
  30초씩 골고루 굽는다.

⑦ 레드와인을 넣어 알코올을 날리고 소스 재료를
  넣어 바글바글 끓으면 버터를 넣고 윤기나게
  섞는다.

Step 3 덮밥 완성하기

⑧ 따뜻한 밥에 덜어둔 재료를 나눠 담고 쇠고기,
  소스를 올린 후 쪽파를 곁들인다.

Tip

이 재료를 곁들이면 더욱 든든해요!
청경채나 브로콜리 등 초록색 채소를 데쳐
마지막에 넣어 곁들이면 색감과 식감을 살릴 수 있어요.

마늘종 돼지고기 덮밥

'창잉터우'라는 대만의 요리를 덮밥으로 응용했어요. 송송 썬 마늘종을 다진 돼지고기와 함께 볶은 요리죠.
밥 대신 소면에 올려 먹어도 좋고, 돼지고기 대신 잘게 다진 스팸으로 응용해도 좋아요.

- 따뜻한 밥 2공기
- 마늘종 10줄기(또는 공심채 줄기)
- 다진 삼겹살 200g
  (또는 다진 돼지고기)
- 다진 파 2큰술
- 다진 마늘 1큰술
- 다진 생강 약간
- 다진 청양고추 1개분
- 고추기름 1큰술
- 식용유 1큰술
- 참기름 1작은술

  양념
- 설탕 1큰술
- 뜨거운 물 3큰술
- 치킨스톡 약간
- 양조간장 1/2큰술
- 청주 1큰술
- 두반장 1큰술
- 굴소스 1작은술
- 후춧가루 약간

Step 1 재료 손질하기

① 돼지고기는 키친타월에 올려 핏물을 제거한다. 마늘종은 송송 썬다.
볼에 양념 재료를 넣어 골고루 섞는다.

 ＊ 양념 재료 중 치킨스톡은 뜨거운 물에 넣어 녹인 후 다른 양념과 섞어요.

Step 2 덮밥 소스 만들기

② 달군 팬에 고추기름, 식용유를 두르고 돼지고기를 넣어 기름이
나오도록 센 불에서 볶는다.

③ 다진 파, 다진 마늘, 다진 생강을 넣고 중간 불에서 2~3분간 볶은 후
마늘종을 넣어 어우러지도록 좀 더 볶는다.

④ 양념을 넣고 2~3분간 끓인 후 다진 청양고추, 참기름을 넣는다.

Step 3 덮밥 완성하기

⑤ 따뜻한 밥에 ④를 나눠 올린다.

Tip

이 재료로 만들어도 맛있어요!
마늘종 대신 공심채 줄기 부분을 송송 썰어 넣어도 잘 어울려요.
마늘종의 알싸한 향이 부족할 수 있으니 다진 마늘을 좀 더 추가해도 좋아요.

동남아식
돼지구이 덮밥

동남아식 돼지고기 일품요리인
'껌스엉'을 덮밥으로 만들어봤어요.
밥 대신 삶은 쌀국수를 곁들이면
분짜처럼 즐길 수 있죠. 새콤달콤한
소스를 뿌려 상큼하게 먹을 수 있는
덮밥입니다. 고수를 좋아한다면
듬뿍 곁들여보세요.

🍚 2~3인분　⏱ 30~40분

- 따뜻한 밥 2공기
  (멥쌀 2 : 롱그레인 쌀 1)
- 돼지고기 목살 300g
- 단무지 5~6조각
- 오이 1/4개
- 토마토 1/2개
- 상추 3~4장
- 달걀 1개
- 식용유 4큰술
- 양파 플레이크 약간
  (생략 가능)
- 송송 썬 쪽파 약간

돼지고기 양념

- 양조간장 1과 1/2큰술
- 설탕 1과 1/2큰술
- 피시소스 1큰술
  (또는 참치액)
- 다진 생강 1/2큰술

- 꿀 1/2큰술
- 다진 파 2작은술
- 다진 마늘 1작은술
- 식용유 1작은술
- 후춧가루 1/2작은술

소스

- 따뜻한 물 2와 1/2큰술
- 피시소스 1과 1/2큰술
- 레몬즙 1과 1/2큰술
- 설탕 1과 1/2큰술
- 다진 마늘 1작은술
- 다진 홍고추 1/2작은술

Step 1 재료 손질하기

❶ 멥쌀과 롱그레인 쌀을 2:1 비율로 섞어 밥을
한다.

＊ 롱그레인 쌀은 동남아에서 먹는 찰기가 없는
쌀이에요. 찰기가 없는 귀리, 보리로 대체해도
좋아요.

❷ 돼지고기는 키친타월에 올려 핏물을 제거한 후
양념 재료에 버무린다.

❸ 단무지는 채 썰고, 오이는 어슷 썬다.
토마토, 상추는 한입 크기로 썬다.

158

Step 2 덮밥 소스 만들기

④ 달군 팬에 식용유를 두르고 달걀을 깨뜨려
올려 달걀 프라이를 한다. 뜨거운 식용유를
달걀에 끼얹어가며 튀기듯이 구워 덜어둔다.

⑤ ④의 팬을 계속 달궈 돼지고기를 올려
센 불에서 바싹 볶는다.

✳ 돼지고기는 볶은 후 토치로 그을리면 불맛이
배어 더 맛있어요.

Step 3 덮밥 완성하기

⑥ 따뜻한 밥에 모든 재료를 나눠서 돌려 담는다.

⑦ 볼에 소스 재료를 넣어 섞은 후 곁들인다.

Tip

이 재료로 응용하면 색달라요!
밥을 생략한 후 덮밥 재료를 라이스페이퍼에 감싸
월남쌈으로 만들어보세요. 소스도 월남쌈에 잘 어울려요.

치즈 토마토
제육 덮밥

추운 겨울날 아들이랑
데이트하며 먹었던
추억의 메뉴를 생각하며
만들어봤어요. 토마토소스를 넣어
한식과 양식의 퓨전 요리처럼
즐길 수 있지요.
치즈를 듬뿍 올려 아이들과
함께 먹기도 좋아요.
단, 소스에 들어간 청양고추는
기호에 맞게 가감하세요.

- 따뜻한 밥 2공기
- 돼지고기 300g
- 양파 100g
- 양송이버섯 3개
- 식용유 1큰술
- 눈꽃치즈 1컵(또는
  슈레드 피자 치즈)
- 송송 썬 쪽파 약간

돼지고기 양념
- 고춧가루 1/2큰술
- 흑설탕 1/2큰술
  (또는 마스코바도)
- 맛간장 1큰술
  (만들기 19쪽)
- 청주 1큰술
- 매실청 1/2큰술

- 물엿 1/2큰술
- 고추장 1큰술
- 다진 마늘 1/2큰술
- 다진 생강 1/2작은술
- 감자전분 1/2작은술
- 후춧가루 약간

소스
- 토마토소스 300g
- 토마토 200g
- 다진 청양고추 1개분
- 물 1과 1/2컵(300㎖)
- 치킨스톡 1/2개
- 설탕 1작은술
- 소금 약간
- 후춧가루 약간

Step 1 재료 손질하기

① 돼지고기는 키친타월에 올려 핏물을 제거한 후
   양념에 버무려 20분간 재운다.

② 양파는 채 썰고, 양송이버섯은 모양대로 썬다.
   소스에 들어가는 토마토는 굵게 다진다.
   볼에 소스 재료를 넣어 골고루 섞는다.

3

Step 2 덮밥 소스 만들기

③ 달군 팬에 식용유를 두르고 양파를 넣어
센 불에서 숨이 살짝 죽을 정도로 볶는다.
돼지고기를 넣어 수분이 없어질 때까지
더 익힌다.

＊ 돼지고기는 볶은 후 토치로 그을리면 불맛이
배어 더 맛있어요.

④ 양송이버섯을 넣고 섞은 후 소스를 넣는다.
바글바글 끓어오르면 불을 끈다.

Step 3 덮밥 완성하기

⑤ 따뜻한 밥에 ④를 나눠 올리고 눈꽃치즈와
쪽파를 올린다.

Tip

이 재료로 응용하면 색달라요!
좀 깔끔하게 먹고 싶다면 치즈를 생략하고 토마토 제육볶음 덮밥으로 즐겨보세요.

일본식
돼지고기 덮밥

감칠맛나게 양념한 돼지고기,
아삭하게 구운 양파와 꽈리고추를
올린 일본식 덮밥입니다.
밥과 재료를 비벼먹기보다
반찬처럼 곁들여 먹는 메뉴예요.
고춧가루로 만든 매콤한 일본식
조미료인 '시치미'를 뿌려 이국적인
풍미를 더했습니다.

- 따뜻한 밥 2공기
- 돼지고기 구이용 300g(또는 제육볶음용)
- 양파 1/2개
- 꽈리고추 100g(또는 브로콜리)
- 식용유 1/2큰술
- 초생강 약간(생략 가능)
- 검정깨 약간(또는 통깨)
- 시치미 약간(생략 가능)

돼지고기 양념
- 쯔유 2큰술
- 청주 1큰술
- 설탕 1작은술
- 고춧가루 1작은술
- 다진 생강 1작은술
- 후춧가루 약간

Step 1　재료 손질하기

❶ 돼지고기는 키친타월에 올려 핏물을 제거한 후
양념에 버무려 20분간 재운다.

❷ 양파는 채 썰고, 꽈리고추는 꼭지를 제거한다.

Step 2 덮밥 소스 만들기

③ 달군 팬에 식용유를 두르고 양파를 넣어
센 불에서 2~3분간 아삭하게 볶은 후
덜어둔다.

④ ③의 팬에 꽈리고추를 넣어 센 불에서 1~2분간
구운 후 덜어둔다.

⑤ ④의 팬에 돼지고기를 넣어 센 불에서 수분이
없어질 때까지 바싹 굽는다.

Step 3 덮밥 완성하기

⑥ 따뜻한 밥에 재료를 돌려 담고 초생강, 검정깨,
시치미를 곁들인다.

절인 배추와 야키도리 덮밥

'야키도리'는 일본말로 구운 닭고기입니다. 양념을 발라가며 구운 닭고기를 밥 위에 올렸지요.
알배기배추를 소금에 절여 아삭하게 올리면 더욱 개운하게 즐길 수 있답니다.
닭고기를 꼬치에 끼워 석쇠에 구워 곁들여도 좋아요. 캠핑 메뉴로도 추천합니다.

- 따뜻한 밥 2공기
- 닭다리살 3개
- 알배기배추 500g
- 소금 10g
- 후춧가루 약간
- 송송 썬 쪽파 약간

　소스
- 설탕 130g
- 양조간장 180㎖
- 맛술 60㎖

이 재료로 응용하면 색달라요!
닭다리살을 좀 더 큼직하게
썰어 꼬치에 대파와 번갈아
끼운 후 소스를 발라가며 구워
닭꼬치로 즐겨도 좋아요.

Step 1 재료 손질하기

❶ 냄비에 소스 재료를 넣어 중간 불에서 후루룩 끓어오를 때까지
끓인 후 불을 끄고 식힌다.

❷ 알배기배추는 채 썬 후 소금에 버무려 2시간 이상 재운다.
생긴 물은 가볍게 짜서 제거한다.

❸ 닭다리살은 한입 크기로 썰어 후춧가루를 뿌려 10분간 재운다.

Step 2 덮밥 소스 만들기

❹ 달군 팬에 닭다리살을 올리고 붓으로 소스를 덧바르며 중약 불에서
타지 않도록 골고루 굽는다.

＊ 닭다리살은 소스를 발라가며 구운 후 토치로 그을리면 숯불에
구운 효과를 낼 수 있어요.

Step 3 덮밥 완성하기

❺ 따뜻한 밥에 구운 닭다리살, 절인 알배기배추를 나눠 올리고
쪽파를 뿌린다.

치킨 마요 덮밥

유명 도시락집의 인기 메뉴인 치킨 마요 덮밥을 더욱 푸짐하게 만들었습니다.
쫄깃한 닭다리살을 구워 듬뿍 올렸지요. 달걀 지단 대신 스크램블로 하면 만들기도 간단하고 더 부드럽게
즐길 수 있어요. 마요네즈는 취향껏 곁들이세요.

- 따뜻한 밥 2공기
- 닭다리살 3개
- 달걀 3개
- 식용유 2큰술 + 1큰술
- 후춧가루 약간
- 생강즙 1작은술
- 밀가루 약간
- 얇게 채 썬 김 약간
- 송송 썬 쪽파 약간
- 마요네즈 약간(기호에 따라 가감)

소스
- 쯔유 2큰술
- 설탕 1작은술
- 청주 1큰술

Step 1 재료 손질하기

❶ 닭다리살은 후춧가루, 생강즙에 버무려 10분간 재운다. 볼에 달걀, 후춧가루를 넣어 골고루 푼다.

❷ 달군 팬에 식용유 2큰술을 두르고 달걀물을 부어 센 불에서 스크램블을 한 후 체에 밭친다.

❸ 밑간한 닭다리살에 밀가루를 앞뒤로 골고루 묻힌다.

Step 2 덮밥 소스 만들기

④ 달군 팬에 식용유 1큰술을 두리고 닭다리살을
올려 중간 불에서 앞뒤로 노릇하게
구운 후 한입 크기로 썬다.

⑤ 달군 팬에 다시 닭다리살, 소스를 넣고
바글바글 끓으면 중간 불에서 뒤적이며
자작하게 졸인다.

Step 3 덮밥 완성하기

⑥ 따뜻한 밥에 ⑤를 나눠 올리고 스크램블 에그,
채 썬 김을 올리고 마요네즈와 쪽파를 뿌린다.

이 재료로 만들어도 맛있어요!
닭다리살 대신 쇠고기 불고기용으로 대체해도 잘 어울려요.

시금치
스팸 오믈렛
덮밥

남녀노소 좋아하는 부드러운
오믈렛에 햄과 시금치를 넣어
만들었어요. 달걀물에 생크림과
우유를 넣어 더욱 부드럽죠.
시금치의 달큰함과 햄의
짭조름한 맛에 다른 소스 없이도
간이 잘 맞아요.

- 따뜻한 밥 2공기
- 시금치 1줌
- 스팸 150g
- 베이컨 1줄
- 다진 양파 1큰술
- 다진 마늘 1/2작은술
- 다진 파 1큰술
- 올리브유 1큰술
- 파르미지아노 레지아노 치즈 간 것 약간
- 다진 이탈리안 파슬리 약간(생략 가능)

달걀물
- 달걀 3개
- 생크림 2큰술(또는 우유)
- 우유 1큰술
- 소금 약간
- 후춧가루 약간

Step 1 재료 손질하기

① 베이컨은 잘게 다지고, 스팸은 사방 1cm 크기로 썬다. 시금치는 큼직하게 썬다.

② 볼에 달걀물 재료를 넣어 골고루 섞는다.

Step 2 **덮밥 소스 만들기**

③ 달군 팬에 올리브유를 두르고 베이컨을 넣어
중간 불에서 노릇하게 볶다가 다진 양파,
다진 마늘, 다진 파를 넣어 향이 올라올 때까지
충분히 볶는다.

④ 스팸을 넣고 센 불로 올려 2분간 볶다가
시금치를 넣어 재빨리 뒤적인다.

⑤ 달걀물을 부어 센 불에서 오믈렛을 만든다.

Step 3 **덮밥 완성하기**

⑥ 따뜻한 밥에 ⑤를 나눠 올리고, 파르미지아노
레지아노 치즈, 이탈리안 파슬리를 곁들인다.

Tip

이 재료로 만들어도 맛있어요!
시금치 대신 청경채 등 제철 잎채소로,
스팸 대신 소시지로 대체해 만들어도 잘 어울립니다.

연어장 덮밥

생연어가 부담스럽다면 연어장을
만들어 덮밥으로 즐겨보세요.
연어를 자르지 않고 통으로
연어장을 만들면 짜지 않아 듬뿍
올려 먹어도 좋답니다. 아삭한
양파, 오이, 무순을 곁들이면 더욱
개운해요.

- 따뜻한 밥 2공기
- 오이 1/2개
- 무순 약간
- 얇게 채 썬 김 약간
- 통깨 약간
- 와사비 약간(기호에 따라 가감)

연어장

- 연어 400g
- 양파 150g
- 청양고추 2개
- 레몬 1/2개

연어장 양념

- 건고추 1개 (또는 베트남 고추)
- 마늘 3개
- 생강 1쪽
- 물 1과 1/2컵(300㎖)
- 양조간장 4큰술
- 맛간장 4큰술 (만들기 19쪽)
- 쯔유 6큰술
- 참치액 1/2큰술
- 흑설탕 1과 1/2큰술 (또는 마스코바도)
- 통후추 1/2작은술

Step 1　재료 손질하기

❶ 양파는 채 썰고, 청양고추는 길게 2등분해 씨부분을 제거한다. 레몬은 모양대로 슬라이스 한다.

Step 2 덮밥 소스 만들기

❷ 냄비에 연어장 양념 재료를 넣어 센 불에서
2분 정도 끓인 후 완전히 식힌다.

❸ 밀폐 용기에 연어, 양파, 청양고추, 레몬을 담고
연어장 양념을 붓는다. 냉장실에 넣어 2~3일간
숙성시킨다. 반나절 후 레몬은 먼저 건져낸다.

＊ 연어장을 더 빨리 익히고 싶다면 연어를
슬라이스해서 넣어요. 3~4일 이상 보관한다면
연어는 건져서 냉동 보관하고 양념은 따로
냉장 보관하세요.

Step 3 덮밥 완성하기

❹ 오이는 모양대로 얇게 썬다.

❺ 따뜻한 밥에 연어장 국물을 2큰술씩 붓고
연어장, 오이, 무순, 김, 와사비, 통깨를 나눠
올린다. 기호에 따라 연어장 국물을 추가한다.

Tip

이 재료를 곁들이면 더욱 든든해요!
잘 숙성된 아보카도 1/2개를 슬라이스해서 추가해도 좋아요.

182

해물 달걀찜 덮밥

부드럽게 만든 달걀찜에 전분을 넣어 걸쭉하게 만든 해물 소스를
밥에 올려 쓱쓱 비벼 먹으면 몸까지 따뜻해지는 메뉴랍니다.
전분을 넣은 소스는 쉽게 식지 않으니 쌀쌀한 날 아침식사로 즐기기 좋아요.
밥 없이 달걀찜에 해물 소스만 곁들여도 든든해요.

- 따뜻한 밥 2공기
- 생새우살(대) 3~4마리
- 오징어 몸통 1/2마리
- 파프리카 40g
- 양송이버섯 2개
- 대파 10cm
- 다진 마늘 1/2큰술
- 다진 생강 1/4작은술
- 식용유 1큰술
- 고추기름 1큰술
- 전분물 1큰술
  (감자전분 1/2큰술 +
  물 1과 1/2큰술)
- 참기름 약간
- 송송 썬 쪽파 약간

달걀물
- 달걀 3개
- 물 1과 1/4컵(250㎖)
- 우유 3큰술
- 청주 1큰술
- 치킨스톡 1/4작은술
- 소금 1/4작은술
- 참기름 1작은술

양념
- 뜨거운 물 3/4컵(150㎖)
- 치킨스톡 약간
- 설탕 1작은술
- 소금 1/4작은술
- 생강즙 1/4작은술
- 참기름 1/2작은술
- 후춧가루 약간

Step 1 재료 손질하기

❶ 대파는 송송 썰고, 파프리카, 양송이버섯은
사방 1cm 크기로 썬다.

❷ 오징어, 생새우살도 사방 1cm 크기로 썬다.
볼에 양념 재료를 넣어 섞는다.

* 양념 재료 중 치킨스톡은 뜨거운 물에 넣어 녹인 후
다른 양념과 섞어요.

❸ 볼에 달걀물 재료를 넣어 골고루 섞은 후
체에 내려 내열용기에 담는다.

Step 2 덮밥 소스 만들기

❹ 김 오른 찜기에 ③을 올려 15분간 찐다.

❺ 달군 팬에 식용유, 고추기름을 두르고 대파,
   다진 마늘, 다진 생강을 넣어 중간 불에서 향이
   올라올 정도로 충분히 볶는다. 센 불로 올려
   파프리카, 양송이버섯을 넣고 1분, 생새우살,
   오징어를 넣어 30초간 볶는다.

❻ 양념을 넣고 바글바글 끓으면 전분물,
   참기름을 넣고 골고루 섞는다.

✱ 전분물은 넣기 전에 한 번 더 섞은 후 사용하세요.

Step 3 덮밥 완성하기

❼ 완성된 달걀찜에 ⑥을 부은 후 따뜻한 밥에
   올린다. 쪽파를 곁들인다.

Tip

이 재료로 만들어도 맛있어요!
해산물을 생략하고 다른 채소를 넣어 채소소스를 만들어 곁들이면
더 간단하고 가볍게 만들 수 있어요.

상하이
해물 덮밥

싱싱한 해물을 듬뿍 넣어 폼 나는
덮밥을 만들었습니다. 중화풍으로
매콤하게 볶은 소스가 입맛을
돋우죠. 굴과 오징어가 제철인
겨울은 배추도 맛있는 계절이라
달큰한 맛도 배가 됩니다.
해물은 기호에 따라 종류를
변경해도 좋아요.

- 따뜻한 밥 2공기
- 오징어 1/2마리
- 생새우살(대) 3마리
- 가리비 관자 3개
- 굴 80g
- 양파 1/6개
- 표고버섯 1개
- 느타리버섯 50g
- 알배기배추 70g
- 청경채 약간
  (또는 시금치)
- 식용유 1큰술
- 고추기름 1큰술
- 다진 마늘 1작은술
- 다진 청양고추 1개
- 소금 약간
- 후춧가루 약간

양념
- 마스코바도 1/2큰술
  (또는 흑설탕)
- 양조간장 1/2큰술
- 피시소스 1큰술
  (또는 참치액)
- 두반장 1큰술

육수
- 뜨거운 물 3/4컵(150㎖)
- 치킨스톡 1/4작은술
- 감자전분 1작은술

Step 1 재료 손질하기

❶ 양파는 채 썰고, 표고버섯은 슬라이스, 느타리버섯은 손으로 가닥가닥 뜯는다. 알배기배추는 사선으로 큼직하게 썬다.

❷ 오징어는 안쪽에 칼집을 넣어 한입 크기로 썰고, 관자는 얇게 슬라이스한다.

❸ 새우, 굴은 소금물에 흔들어 씻은 후 물에 헹궈 체에 밭쳐 물기를 제거한다.

❹ 각각의 볼에 양념 재료와 육수 재료를 넣어 섞어둔다.

Step 2 덮밥 소스 만들기

❺ 달군 팬에 식용유, 고추기름을 두르고
다진 마늘, 양파, 표고버섯, 느타리버섯,
알배기배추를 넣어 센 불에서 2분간 볶는다.

❻ 볶은 재료를 팬의 한쪽으로 밀어 놓고 오징어,
관자, 새우, 굴을 넣어 센 불에서 30초간
볶는다.

❼ 양념을 넣어 재빨리 섞은 후 육수를 붓고
끓으면 청경채를 넣는다.

Step 3 덮밥 완성하기

❽ 따뜻한 밥에 나눠 올린다.

Tip

이 재료로 만들어도 맛있어요!
소스가 넉넉하니 밥 대신 파스타면을 삶은 후 곁들여도 잘 어울려요.
중화풍 파스타로 색다르게 즐겨보세요.

하와이안 클래식 포케

포케(poke)는 밥에 연어나 참치 등 생선과 다양한 채소를 올리고
새콤한 소스를 곁들인 하와이의 음식입니다. 현미밥이나 잡곡밥에 다양한 채소를 올려
다이어터들에게 인기가 많은 메뉴죠. 오독오독한 해초, 날치알도 듬뿍 넣어
식감도 다양해요. 참치나 연어 중 하나로 통일해서 넣어도 좋아요.

🍚 2~3인분   ⏱ 20~30분(+ 참치 해동하기 1시간)

1, 2

3

- 따뜻한 밥 1공기
  (백미, 보리밥, 현미밥,
  귀리밥, 렌틸콩밥 등)
- 냉동 참치 100g
  (또는 연어)
- 연어 100g
  (또는 냉동 참치)
- 로메인 상추 3~4장
- 깻잎 2~3장
- 적양파 1/4개(또는 양파)
- 아보카도 1/2개
- 오이 1/2개
- 해초 샐러드 2큰술
- 날치알 1큰술
- 양파 플레이크 약간
  (생략 가능)
- 후리가케 약간
  (생략 가능)
- 와사비 약간
- 마요네즈 약간

오이 양념

- 설탕 1큰술
- 소금 1작은술

참치 연어 양념

- 쯔유 3큰술
- 다진 마늘 1/2작은술
- 다진 생강 1/4작은술
- 참기름 2작은술
- 와사비 1큰술
- 후리가케 1작은술

Step 1 재료 손질하기

❶ 상추는 한입 크기로 썰고, 깻잎과 적양파는
   채 썬다. 아보카도는 슬라이스한다.
   오이는 모양대로 얇게 썬다.

❷ 볼에 오이, 오이 양념을 넣어 10분간 절인 후
   물기를 꼭 짠다.

❸ 해초 샐러드와 날치알은 각각 체에 받쳐
   물기를 제거한다.

Step 3 덮밥 소스 만들기

❹ 달군 팬에 오이를 넣고 센 불에서 1분간
  볶는다.

❺ 냉동 참치는 40℃, 3% 소금물에 3분간 담가
  해동한 후 냉장실에 1시간 정도 넣어둔다.

❻ 참치, 연어는 한입 크기로 썬다.
  볼에 참치 연어 양념 재료를 넣고 섞은 후 참치,
  연어를 넣고 버무린다.

✱ 먹기 직전에 양념에 버무려야 물이 생기지 않고
  싱겁지 않아요.

Step 3 덮밥 완성하기

❼ 따뜻한 밥에 모든 재료를 나눠 돌려 담는다.
  와사비, 후리가케, 마요네즈는 기호에 맞게
  곁들인다.

아보카도 참치 지라시 덮밥

배합초에 비빈 밥 위에 재료를 흩뿌린 초밥을 '지라시 스시'라고 합니다. 초밥 대신 덮밥으로 만들어
특별하게 즐겨보세요. 참치 양념에 올리브, 케이퍼를 다져 넣어 새콤함과 알싸함을 더했어요.
김밥 김에 모든 재료를 넣고 달걀 지단, 오이, 단무지 등을 곁들여 김밥으로 말아도 좋아요.

🍚 2~3인분   ⏱ 20~30분(+ 참치 해동하기 1시간)

- 따뜻한 밥 2공기(초밥용)
- 참치 200g
- 아보카도 1개
- 깻잎 10장
- 적양파 1/2개
- 로메인 상추 2~3장
- 후리가케 1작은술
- 얇게 채 썬 김 약간

배합초
- 식초 2큰술
- 설탕 1큰술
- 소금 1작은술

참치 양념
- 다진 케이퍼 1큰술
- 다진 올리브 2큰술
- 날치알 2큰술
- 후리가케 1작은술
- 참기름 약간

Step 1 재료 손질하기

❶ 초밥용 밥은 고슬고슬하게 지어 뜨거울 때 배합초 재료와 골고루 섞는다.

❷ 깻잎은 돌돌 말아 채 썰고, 적양파는 채 썬다. 아보카도, 로메인 상추는 한입 크기로 썬다.

❸ 냉동 참치는 40℃, 3% 소금물에 3분간 담가 해동한 후 냉장실에 1시간 정도 넣어둔다.

Step 2 덮밥 소스 만들기

❹ 참치는 한입 크기로 깍뚝 썬 후 참치 양념에 버무린다.

Step 3 덮밥 완성하기

❺ 밥 위에 ④를 올리고 나머지 재료를 돌려 담는다.

셀러리
오징어 덮밥

아삭하고 향긋한 셀러리를 듬뿍
사용한 이색적인 덮밥입니다.
셀러리는 향이 강해 호불호가 있는
채소이지만 익히면 향이 줄어들어
누구나 잘 먹을 수 있답니다.
데친 오징어에 생강채를 곁들여
센 불에 휘리릭 볶아내면 아삭한
식감과 쫄깃한 식감이 살아있는
밥 한그릇이 뚝딱 완성됩니다.

- 따뜻한 밥 2공기
  (롱그레인 쌀밥,
  보리밥, 귀리밥 등)
- 오징어 1마리
- 셀러리 2대
- 대파 10cm
- 마늘 3개
- 생강 1톨
- 청주 1큰술
- 식용유 1큰술

양념
- 뜨거운 물 1큰술
- 치킨스톡 약간
- 청주 1큰술
- 소금 1/2작은술
- 식초 1작은술
- 참기름 1작은술
- 후춧가루 약간

Step 1 재료 손질하기

① 셀러리는 얇게 어슷 썬다. 대파, 마늘,
   생강은 얇게 채 썬다.
   볼에 양념 재료를 넣어 골고루 섞는다.

＊ 양념 재료 중 치킨스톡은 뜨거운 물에 넣어 녹인 후
   다른 양념과 섞어요.

② 오징어는 안쪽에 대각선으로 칼집을 넣어
   한입 크기로 썬다.

③ 끓는 물에 청주를 넣고 불을 끈 후 오징어를
   넣어 30초간 데치고 체에 밭쳐 물기를
   제거한다.

Step 2 덮밥 소스 만들기

4 달군 팬에 식용유를 두르고 대파, 마늘, 생강을 넣어 센 불에서 1분간 볶은 후 덜어둔다.

5 데친 오징어를 넣어 센 불에서 1분 볶는다. .

6 양념을 부어 재빨리 뒤적이고 볶아 둔 대파, 마늘, 생강, 셀러리를 넣어 30초간 더 볶는다.

Step 3 덮밥 완성하기

7 따뜻한 밥에 ⑥을 나눠 올린다.

Tip

이 재료로 만들어도 맛있어요!
셀러리 대신에 고수나 아스파라거스, 브로콜리 등으로 대체 가능해요.
오징어도 생새우살 12마리로 대체 가능하니 취향에 맞게 응용하세요.

양념 꽃게살 덮밥

양념 꽃게무침을 좋아해서 자주 해 먹는데, 살을 발라 먹는 것이 귀찮아지더라고요.
그래서 꽃게살만 발라 양념에 무쳐 밥 위에 곁들였습니다. 꽃게살에 양념을 버무리기 전에 소금에 절여
살을 단단하게 만드는 것이 포인트입니다. 향긋한 미나리를 함께 곁들여 슥슥 비벼 즐겨보세요.

🍚 2~3인분　⏱ 30~40분(+ 양념 숙성하기 1일)

- 따뜻한 밥 2공기
- 꽃게 2~3마리
  (속살 220~250g)
- 소금 1작은술
- 미나리 5~6줄기
- 조미 김 1장
- 통깨 1/2큰술
- 참기름 1큰술 + 약간

양념

- 사과 1/2개
- 양파 1/3개
- 고운 고춧가루 1/2컵
- 다진 마늘 3큰술
- 맛술 1큰술
- 맛간장 4큰술
  (만들기 19쪽)
- 참치액 1/2큰술
- 매실청 2작은술
- 다진 생강 2작은술

Step 1 재료 손질하기

❶ 믹서에 양념 재료 중 고운 고춧가루를 제외한
나머지 재료를 모두 넣어 곱게 간다.
고운 고춧가루를 넣어 골고루 섞은 후 냉장실에
넣어 하루동안 숙성시킨다.

✽ 고운 고춧가루가 없다면 일반 고춧가루를 믹서에
곱게 간 후 체에 걸러서 사용하세요.

❷ 꽃게는 깨끗이 손질한 후 2등분해 손으로
속살만 꾹 짜낸다.

❸ 속살에 소금을 넣어 살살 섞은 후 체에 밭쳐
냉장실에 넣어 20분간 재운다.

Step 2 덮밥 소스 만들기

④ 꽃게살에 숙성한 양념, 통깨, 참기름 1큰술을 넣어 살살 버무린다.

Step 3 덮밥 완성하기

⑤ 미나리는 송송 썬다.

⑥ 따뜻한 밥에 양념한 꽃게살을 올리고 미나리, 조미 김을 나눠 올린 후 참기름을 두른다.

Tip

이 재료로 만들어도 맛있어요!

꽃게를 무칠 때 만든 양념은 겉절이 양념으로 활용해도 좋아요.
부추나 토마토, 봄동 등을 넣고 겉절이를 만들어보세요.

INDEX

〈 매일 만들어 먹고 싶은 별미 솥밥&이색 덮밥 〉과 **함께 보면 좋은 책**

**채소 요리 전문 셰프의
아침, 점심, 저녁 식사로 제격인 샐러드**

- ☑ 쉽게 구할 수 있는 제철 채소와 양념을 사용해
  누구나 쉽게 따라 만들 수 있는 레시피
- ☑ 다채로운 채소 요리로 사랑받는 이탈리안 레스토랑
  '로컬릿' 남정석 셰프의 한 끗 다른 샐러드 비법
- ☑ 두부, 달걀, 육류, 해산물, 통곡물 재료를 더해
  아침, 점심, 저녁 식사로 충분한 식사샐러드
- ☑ 레시피팩토리 애독자들이 사전 검증해
  믿고 따라 할 수 있는 식사샐러드

〈 매일 만들어 먹고 싶은 식사샐러드 〉
로컬릿 남정석 지음 / 152쪽

**사찰 음식 전문 셰프의
쉽고, 맛있는 채식지향자를 위한 한식**

- ☑ 밥과 죽, 면과 별식, 주전부리, 채소보양식 등
  다채로운 채식 레시피 106가지
- ☑ 오신채를 사용하지 않고 제철 재료로 만들어
  몸과 마음이 편안해지는 비건 한식
- ☑ 다양한 콩류와 두부류, 식물성 기름을 적극 사용해
  채식이지만 영양이 부족하지 않은 레시피
- ☑ 흔한 재료와 기본 양념만으로 친숙한 듯
  새로운 메뉴를 완성하는 셰프의 한 끗 다른 노하우

〈 매일 만들어 먹고 싶은 비건 한식 〉
정재덕 지음 / 220쪽

늘 곁에 두고 활용하는 소장 가치 높은 책을 만듭니다 레시피팩토리

홈페이지 www.recipefactory.co.kr

내 몸이 달라지는 하루 한 잔, 채소과일식 전문가의 10년 노하우

☑ 식품영양학 박사이자 채소과일식 전문가의
맛, 영양, 질감, 색까지 고려한 57가지 메뉴

☑ 생채소, 생과일 스무디부터 따뜻하게 마실 수 있는
채소수프까지 일 년 내내 즐길 수 있는 건강음료

☑ 구하기 쉽고 친숙한 재료를 반복적으로 사용해
남는 재료 없이 누구나 쉽게 따라 할 수 있는 레시피

☑ 체중 조절, 채소 먹는 습관 등 상황에 맞게
고를 수 있는 셀프 디톡스 프로그램 소개

〈 매일 만들어 먹고 싶은 디톡스 스무디 & 건강음료 〉
베지어클락 김문정 지음 / 184쪽

브런치 컨설턴트의 한 끗 다른 킥! 홈 브런치를 카페처럼, 한 단계 레벨업

☑ 클래식 브런치부터 샐러드, 토스트&수프,
브레드&디저트, K 스타일 브런치까지 71가지 메뉴

☑ 재료의 맛과 풍미를 살려주는 킥 소스와 드레싱으로
자연스럽고 고급진 맛 완성하는 노하우 소개

☑ 인도식 스크램블에그, 일본 나고야식 팥토스트 등
다른 책에선 만날 수 없는 이국적인 킥 브런치 수록

☑ 브런치 메뉴를 올 데이 브런치로 즐길 수 있는
8가지 브런치 플레이트의 특별한 조합

〈 매일 만들어 먹고 싶은 카페 브런치 & 디저트 〉
시트롱 김희경 지음 / 208쪽

매일 만들어 먹고 싶은

1판 1쇄 펴낸날	2025년 2월 24일

편집장	김상애
책임편집	김민아
디자인	조운희
사진	박형인(studio Tom)
스타일링	지수정
기획 · 마케팅	내도우리, 엄지혜

편집주간	박성주
펴낸이	조준일

펴낸곳	(주)레시피팩토리
주소	서울특별시 용산구 한강대로 95 래미안용산더센트럴 A동 509호
대표번호	02-534-7011
팩스	02-6969-5100
홈페이지	www.recipefactory.co.kr
애독자 카페	cafe.naver.com/superecipe
출판신고	2009년 1월 28일 제25100-2009-000038호

제작 · 인쇄	(주)대한프린테크

값 22,000원

ISBN 979-11-92366-48-7

제품 협찬	화소반
	STUDIO KIWI